Bauphysikalische Temperaturberechnungen in FORTRAN

Band 1 Zwei- bzw. dreidimensionale stationäre Probleme des Wärmeschutzes

Von Dr.-Ing. Reinald Rudolphi
und Dipl.-Inform. Renate Müller

Laboratorium 2.44 der Bundesanstalt
für Materialprüfung (BAM), Berlin

Mit dem FORTRAN IV — Rechenprogramm STAT3D,
4 durchgerechneten Anwendungsbeispielen und
29 Figuren

B. G. Teubner Stuttgart 1985

CIP-Kurztitelaufnahme der Deutschen Bibliothek

Rudolphi, Reinald:
Bauphysikalische Temperaturberechnungen in FORTRAN /
von Reinald Rudolphi u. Renate Müller. — Stuttgart :
Teubner
NE: Müller, Renate
Bd. 1. Zwei- bzw. dreidimensionale stationäre
Probleme des Wärmeschutzes : mit d. FORTRAN IV —
Rechenprogramm STAT3D. — 1985.
ISBN 978-3-519-05235-7   ISBN 978-3-322-91865-9 (eBook)
DOI 10.1007/978-3-322-91865-9

Gesamtherstellung: Beltz Offsetdruck, Hemsbach/Bergstraße
Umschlaggestaltung: M. Koch, Reutlingen

Vorwort

Die allgemeine Tendenz, nach Möglichkeit experimentelle
Untersuchungen und Konstruktionsentwürfe im Projektstadium
auf den Rechner zu übertragen, ist unverkennbar. Dies wird
durch die Leistungsfähigkeit moderner Rechenanlagen ermög-
licht. Die Vorteile einer solchen Verfahrensweise bestehen
u.a. in einer Kosten- und Zeitersparnis sowie in der Möglichkeit, mit geringem Aufwand Parametervariationen und
Optimierungen der Konstruktion durchführen zu können.

Ziel des vorliegenden Buches soll es sein, dem Ingenieur
ein leistungsfähiges Werkzeug in die Hand zu geben, mit
dem er bei wärmeschutztechnischen Problemen die Temperatur-
und Wärmestromverteilung unter stationären Randbedingungen
berechnen kann. Das Buch ist für den Praktiker gedacht, der
die Möglichkeit hat, für die Lösung seiner Probleme eine
Rechenanlage zu benutzen.

Im 1. Abschnitt wird ein Überblick über die Anwendungsmöglichkeiten des FORTRAN-Rechenprogramms STAT3D gegeben, dem
sich im 2. Abschnitt eine Beschreibung des Rechenprogramms,
seiner physikalisch-mathematischen Grundlagen, des Rechengangs und der Dateneingabe anschließen. Im 3. Abschnitt werden an praxisbezogenen Beispielen die Handhabung und die
Leistungsfähigkeit von STAT3D aufgezeigt. Als Ergänzung
hierzu sind im 5. Abschnitt das Rechenprogramm und im 6.
Abschnitt alle vorher im Detail erläuterten Anwendungsbeispiele mit Eingabedaten und Rechenergebnissen abgedruckt.

Das Rechenprogramm STAT3D wurde unter Verwendung sehr
leistungsfähiger Lösungsalgorithmen geschrieben und lang-
jährig auf verschiedenen Rechnern getestet. Die Eingabe der
Daten ist formatfrei. Das Programm läuft ohne Änderungen
auf der VAX 11/780, die Verwendung von FORTRAN IV gewähr-
leistet jedoch seine Lauffähigkeit auch auf anderen Rechnern.

Das vorliegende Buch wurde mit der freundlichen Genehmigung des Präsidenten der Bundesanstalt für Materialprüfung (BAM), Herrn Prof. Dr. G.W. Becker, und der Unterstützung der Abteilung "Technisch-Wissenschaftliche Dienste" der BAM angefertigt. Herrn Krämer, d.h. dem Teubner-Verlag, sind die Verfasser für die Aufnahme der Arbeit in die Reihe Ingenieursoftware zu großem Dank verpflichtet.

Nicht vergessen seien auch mein Vater, Herr Dr. Klaus Rudolphi, der diese Arbeit großzügig unterstützte, ihr Erscheinen aber nicht mehr miterleben konnte, und die Familienangehörigen, die uns während der Erstellung dieses Buches allzuoft entbehren mußten.

Berlin, im Frühjahr 1985   Die Verfasser

Inhalt

Benutzte Formelzeichen

Zeichen	Bedeutung, Einheit
α	Wärmeübergangskoeffizient, $W/(m^2K)$
$1/\alpha$	Wärmeübergangswiderstand, m^2K/W
A	Fläche, m^2
Δ	Differenz
$\Delta x,\ \Delta y,\ \Delta z$	Volumenelementabmessungen bzw. Schichtdicken in x-, y- und z-Richtung, m
G	"Leitwert", Kehrwert des auf die Querschnittsfläche A bezogenen Wärmedurchgangs- bzw. Wärmedurchlaßwiderstands, W/K $G = 1/R$
h	Schrittweite, m
k	Wärmedurchgangskoeffizient, $W/(m^2K)$ $k = 1/(\Sigma(1/\alpha)+\Sigma(s/\lambda))$
λ	Wärmeleitfähigkeit, $W/(mK)$
$1/\Lambda$	Wärmedurchlaßwiderstand, m^2K/W $(1/\Lambda) = s/\lambda$
φ	relative Luftfeuchte, %
$\dot{q}$	Wärmestromdichte bezogen auf das Einheitsvolumen, W/m^3 bezogen auf die Einheitsfläche, W/m^2
$\dot{Q}$	Wärmestrom, W
R	auf die Querschnittsfläche A bezogener Wärmedurchgangs- bzw. Wärmedurchlaßwiderstand, K/W
R_λ	auf die Querschnittsfläche A bezogener Wärmedurchlaßwiderstand (reine Wärmeleitung), K/W $R_\lambda = s/(\lambda A)$
R_α	auf die Querschnittsfläche A bezogener Wärmeübergangswiderstand, K/W $R_\alpha = 1/(\alpha A)$

Zeichen	Bedeutung, Einheit
s	Dicke, m
ϑ	Temperatur, °C
ϑ_s	Taupunkttemperatur, °C
t	Zeit, s
V	Volumen, m^3

<u>Benutzte Indizes</u>

<u>Zeichen</u>	<u>Bedeutung, Einheit</u>
α	Wärmeübergang
a	außen
äq	äquivalent
E	Einspeisung
ges	gesamt
h	hoch
i	innen
i	Indizierung der Größen in x-Richtung
j	Indizierung der Größen in y-Richtung
k	Indizierung der Größen in z-Richtung
kn	Knoten
λ	reine Wärmeleitung
l	links
L	Luft
m	Mitte
o	oben
O	Oberfläche
r	rechts
t	tief
u	unten
x,y,z	Achsenrichtungen in einem rechtwinkligen Koordinatensystem

1   Aufgabenstellung und Anwendungsmöglichkeiten

Das vorliegende Buch dokumentiert das sehr leistungsfähige,
eigenentwickelte FORTRAN IV - Programm STAT3D zur Berechnung
der Temperatur- und Wärmestromverteilungen in Bauteilen unter Lösung der stationären Wärmeleitungsgleichung für den
dreidimensionalen Fall. Es dient zur wärmeschutztechnischen
Beurteilung und Optimierung von Baukonstruktionen (Wänden,
Decken, Fassaden, Fenstern, Dächern, beheizbaren Belägen)
hinsichtlich der zu erwartenden Energieverluste, der Gefahr
einer Tauwasserbildung und der Wirkung von Wärmebrücken. An
praxisbezogenen Beispielen sollen die Handhabung und die
Leistungsfähigkeit des Rechenprogramms aufgezeigt werden.

Außer der Beschreibung der physikalisch-mathematischen
Grundlagen sowie der Auflistung des Rechenprogramms umfaßt
dieses Buch vier durchgerechnete Anwendungsbeispiele aus
dem Wärmeschutz einschließlich Erläuterungen, Eingabedaten
und der gesamten Computerausgabe.

Die vorliegende Fassung des Programms ist speziell für die
VAX 11/780 gültig.

2   Beschreibung des FORTRAN IV - Rechenprogramms STAT3D

2.1 Allgemeine Leistungsbeschreibung

Das FORTRAN IV - Programm STAT3D dient zur Berechnung der
Temperatur- und Wärmestromverteilungen in Baukonstruktionen.
Es löst die stationäre Wärmeleitungsgleichung für den dreidimensionalen Fall unter Benutzung der Methode der finiten
Differenzen [1-4]. Die Auflösung des positiv definiten sym-
metrischen Bandgleichungssystems erfolgt blockweise im Kern-
speicher mit einem modifizierten Algorithmus der Dreiecks-

zerlegung nach Crout [5, 6] (SUBROUTINE OPTBLK, Partition A).
Das Programm benutzt quaderförmige Elemente mit einem Knoten
im Volumenelementschwerpunkt und berücksichtigt Temperatur-
abhängigkeiten der vorzugebenden Wärmeleitfähigkeiten durch
mehrmaliges Aufstellen und Lösen des Gleichungssystems. Es
ist möglich, Wärmestromeinspeisungen zu erfassen. Das Programm ist anwendbar auf aus verschiedenen Baustoffen zusam-
mengesetzte Bauteile. Es erlaubt eine formatfreie Dateinein-
gabe, wobei jedem Problem ein Datenblock zugeordnet wird,
der bei Fehlern im Datenblock überlesen wird. Außerdem werden die Daten auf formale Fehler, richtige Reihenfolge von
INTEGER-Größen, REAL-Größen und Texten sowie Zulässigkeit
der Randbedingungen hin getestet. Volumenelementbereiche mit
gleichen thermodynamischen Kennwerten (bzw. Funktionen) können sehr effektiv über Index-Laufanweisungen einem Kennwert
(bzw. einer Funktion) zugeordnet werden. Das gleiche gilt
für Temperaturrandbedingungen und Wärmestromeinspeisungen.

Bei Vorgabe von Wärmedurchlaßwiderständen als Funktion der
Schichtdicke werden die Weglängen im Hohlraum in Koordinatenrichtung – auch über mehrere Volumenelemente hinweg –
automatisch ermittelt [7, 8]. Die Kennlinien brauchen nicht
äquidistant vorgegeben zu werden, sie werden in jedem Teil-
stück mit einem Polynom 3. Grades über eine sogenannte
Spline-Funktion approximiert, die sich durch geringe Wellig-
keit, hohe Glätte und Wiedergabe von Symmetrien zwischen den
Stützpunkten als Interpolationsfunktion besonders auszeich-
net [9-11]. Zur besseren Auswertung der Wärmeströme und zur
Ermittlung der Energieverluste bzw. daraus abgeleiteter
Kennwerte (wie z.B des Wärmedurchgangskoeffizienten k oder
des Wärmedurchlaßwiderstandes $1/\Lambda$) können Wärmeströme in
örtlichen Teilbereichen, auch nach Koordinatenrichtungen
getrennt, aufsummiert werden.

Neben der numerischen Ausgabe von Temperaturen und Wärmeströmen (6 pro Volumenelement) ist auf dem Schnelldrucker
des Rechners eine hinsichtlich der Abmessungen normierte
Rasteraufteilung mit Zuordnung der Baustoffe und Knotentemperaturen in beliebigen Ebenen ausgebbar.

2.2 Physikalisch-mathematische Grundlagen

Ausgangspunkt für die Ermittlung dreidimensionaler Tempera-
tur- und Wärmestromverteilungen in einem Gebiet unter beliebigen stationären Randbedingungen und unter Berücksichtigung
von Wärmestromeinspeisungen ist die Lösung der partiellen
elliptischen Wärmeleitungsgleichung für rechtwinklige Koor-
dinaten:

$$\frac{\partial}{\partial x}\left(\lambda\,\frac{\partial \vartheta}{\partial x}\right) + \frac{\partial}{\partial y}\left(\lambda\,\frac{\partial \vartheta}{\partial y}\right) + \frac{\partial}{\partial z}\left(\lambda\,\frac{\partial \vartheta}{\partial z}\right) + \dot{q} = 0 \qquad (2.1)$$

Hierbei ist λ die in x-, y- und z-Richtung isotrope Wärmeleitfähigkeit, $\vartheta = \vartheta(x,y,z)$ die Temperatur und $\dot{q}$ der der
Volumeneinheit zugeführte Wärmestrom in W/m^3. Zur Lösung
dieser Differentialgleichung wird im folgenden die Methode
der finiten Differenzen [1-4] angewendet, bei der die partiellen Ableitungen als Differenzenquotienten approximiert
werden. Der dafür erforderlichen räumlichen Diskretisierung
eines Körpers geht eine physikalische Unterteilung in Teilgebiete gleicher thermodynamischer Eigenschaften voraus.
Diese Teilgebiete werden dann durch Schnitte, die senkrecht
zu den Achsen eines rechtwinkligen Koordinatensystems verlaufen, in quaderförmige Volumenelemente zerlegt. Im Falle
von <u>Fig. 2.1</u> erfolgte eine Aufteilung in gleich große,
quaderförmige Volumenelemente. Für die zu bestimmende Temperatur wird ein Knoten im Volumenelementschwerpunkt einge-

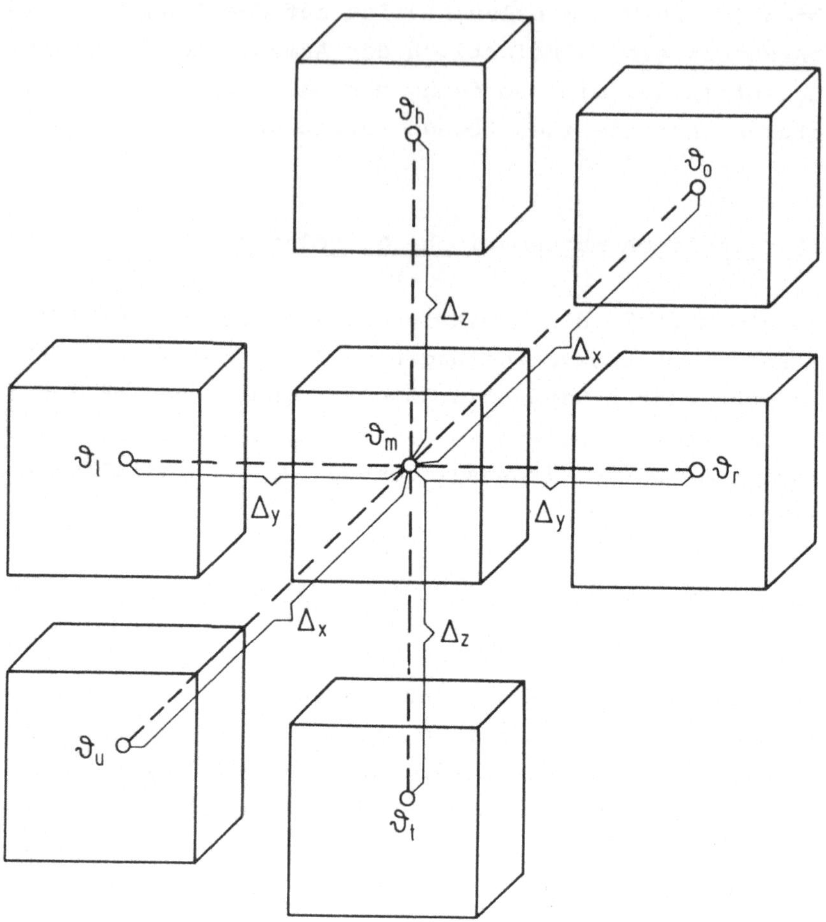

Fig. 2.1

Unterteilung eines Gebietes mit einem rechtwinkligen Gitternetz in gleich große, quaderförmige Volumenelemente führt. D.h. im Gegensatz zu einer analytischen Methode werden hier die Temperaturen in ausgewählten, diskreten Punkten eines Systems, in dem Wärmeströme fließen, bestimmt.

Bei der Aufstellung einer Energiebilanz (für den stationären Fall) gilt für jeden betrachteten Knoten, hier für Knoten m, daß die Summe der dem Knoten m von den Nachbarknoten i zugeführten bzw. in ihm erzeugten Wärmeströme Null sein muß:

$$\Sigma \; \dot{Q} = \Sigma \; \dot{Q}_{i,m} + \dot{Q}_m = 0 \tag{2.2}$$

Unter Einführung des Wärmedurchgangskoeffizienten

$$k = 1/(\Sigma(1/\alpha) + \Sigma(s/\lambda)) \tag{2.3}$$

und unter Beachtung von

$$\dot{Q}_{i,m} = k_{i,m}A(\vartheta_i - \vartheta_m) \tag{2.4}$$

erhält man, auf das mittlere Element m bezogen, folgende Differenzengleichung (Berücksichtigung einer Wärmestromeinspeisung $\dot{Q}_m$ im Knoten m, reine Wärmeleitung):

$$\lambda \frac{\Delta y \Delta z}{\Delta x} (\vartheta_o - \vartheta_m) + \lambda \frac{\Delta y \Delta z}{\Delta x} (\vartheta_u - \vartheta_m) +$$

$$\lambda \frac{\Delta x \Delta z}{\Delta y} (\vartheta_l - \vartheta_m) + \lambda \frac{\Delta x \Delta z}{\Delta y} (\vartheta_r - \vartheta_m) +$$

$$\lambda \frac{\Delta x \Delta y}{\Delta z} (\vartheta_h - \vartheta_m) + \lambda \frac{\Delta x \Delta y}{\Delta z} (\vartheta_t - \vartheta_m) + \dot{Q}_m = 0 \tag{2.5}$$

Bei Division beider Seiten durch $\Delta x \Delta y \Delta z$ erhält man hieraus

$$\lambda \frac{\vartheta_o - 2\vartheta_m + \vartheta_u}{(\Delta x)^2} + \lambda \frac{\vartheta_l - 2\vartheta_m + \vartheta_r}{(\Delta y)^2} +$$

$$\lambda \frac{\vartheta_h - 2\vartheta_m + \vartheta_t}{(\Delta z)^2} + \frac{\dot{Q}_m}{\Delta x \Delta y \Delta z} = 0 \qquad (2.6)$$

Mittels der eindimensionalen Differenzenformel [12]

$$h^2 u_1'' = U_o - 2U_1 + U_2 \, , \qquad (2.7)$$

die man durch Taylor-Entwicklung der Ordinaten U_o und U_2 von U_1 aus gewinnt, ergibt sich beim Grenzübergang $\Delta x \rightarrow 0$, $\Delta y \rightarrow 0$, $\Delta z \rightarrow 0$ wieder Gl. (2.1).

Unter Einführung des auf die Querschnittsfläche A bezogenen Wärmedurchlaßwiderstandes R_λ bzw. Wärmeübergangswiderstandes R_α

$$R_\lambda = s/(\lambda A) \qquad (2.8)$$

$$R_\alpha = 1/(\alpha A) \qquad (2.9)$$

und des Kehrwertes G der zwischen den Knoten i und m aufsummierten jeweiligen 2 Teilwiderstände

$$G_{i,m} = 1/R_{i,m} = 1/(R_i + R_m) \qquad (2.10)$$

geht Gl. (2.2) über in

$$\dot{Q}_m + \sum_i ((\vartheta_i - \vartheta_m)/R_{i,m}) = \dot{Q}_m + \sum_i ((\vartheta_i - \vartheta_m)G_{i,m}) = 0$$

und damit in

$$\vartheta_m \sum_i G_{i,m} - \sum_i (\vartheta_i G_{i,m}) - \dot{Q}_m = 0 \qquad (2.11)$$

Hierbei gilt

$$\sum_i G_{i,m} = 1/R_{o,m} + 1/R_{u,m} + 1/R_{l,m} + 1/R_{r,m} + 1/R_{h,m} + 1/R_{t,m}$$
$$= G_{o,m} + G_{u,m} + G_{l,m} + G_{r,m} + G_{h,m} + G_{t,m}$$

$$(2.12)$$

und

$$\sum_i \vartheta_i G_{i,m} = \vartheta_o/R_{o,m} + \vartheta_u/R_{u,m} + \vartheta_l/R_{l,m} + \vartheta_r/R_{r,m} + \vartheta_h/R_{h,m} + \vartheta_t/R_{t,m}$$
$$= \vartheta_o G_{o,m} + \vartheta_u G_{u,m} + \vartheta_l G_{l,m} + \vartheta_r G_{r,m} + \vartheta_h G_{h,m} + \vartheta_t G_{t,m}$$

$$(2.13)$$

Gl. (2.11) gibt an, wie die Temperatur ϑ_m des Knotens m aus den Nachbar-Knotentemperaturen ϑ_i bei Vorhandensein einer Wärmestromeinspeisung $\dot{Q}_m$ im Knoten m zu ermitteln ist. Wegen der bekannten **thermo-elektrischen Analogie** [1-4] kann Gl. (2.11) als elektrische Beziehung für einen Widerstands-stern zur Berechnung der "Knotenmitteltemperatur" U_m bei gegebener "Wärmestromeinspeisung" I_E und gegebenen "Rand-knotentemperaturen" U entsprechend <u>Fig. 2.2</u> gedeutet werden. Hierbei sind der Wärmestrom $\dot{Q}$ dem elektrischen Strom I, die Temperatur ϑ der elektrischen Spannung U, der auf die Quer-schnittsfläche A bezogene Wärmedurchlaßwiderstand R dem elektrischen Widerstand R und der Kehrwert G = 1/R dem elek-trischen Leitwert G analog.

Teilt man den zu untersuchenden Bereich in zur jeweiligen Koordinatenrichtung senkrechte, durchgehende Schichten auf, so kann man die Schichten in x-, y- und z-Richtung mit i, j und k durchnumerieren und den jeweiligen Schichten die Dicken Δx_i, Δy_j bzw. Δz_k zuordnen. Das Volumenelement i,j-2,k+3 hat demnach die Abmessungen Δx_i, Δy_{j-2} und Δz_{k+3} sowie die Knotentemperatur $\vartheta_{kn} = \vartheta_{i,j-2,k+3}$, s. <u>Fig. 2.2 und Fig. 2.3</u>.

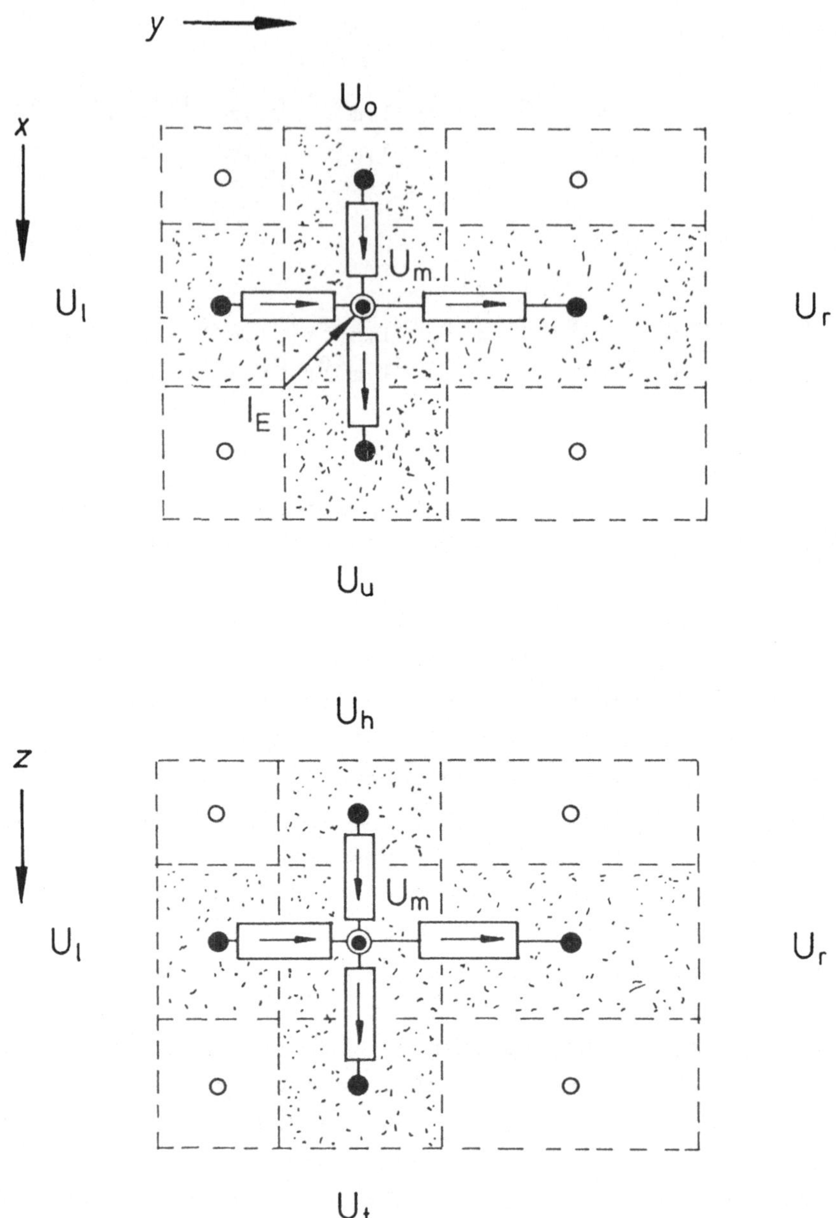

Fig. 2.2

Elektrischer Widerstandsstern (dreidimensionaler Fall) zur Berechnung der Spannung U_m

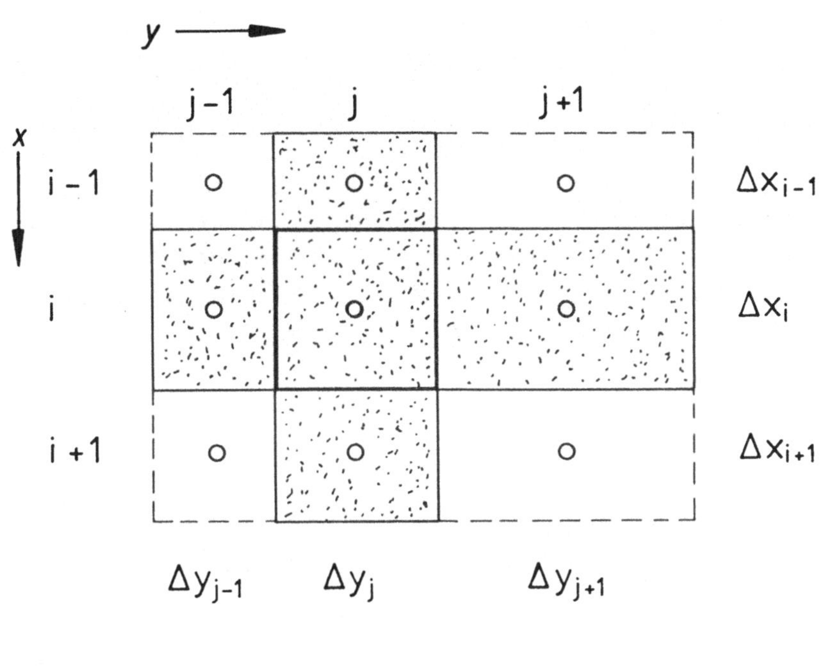

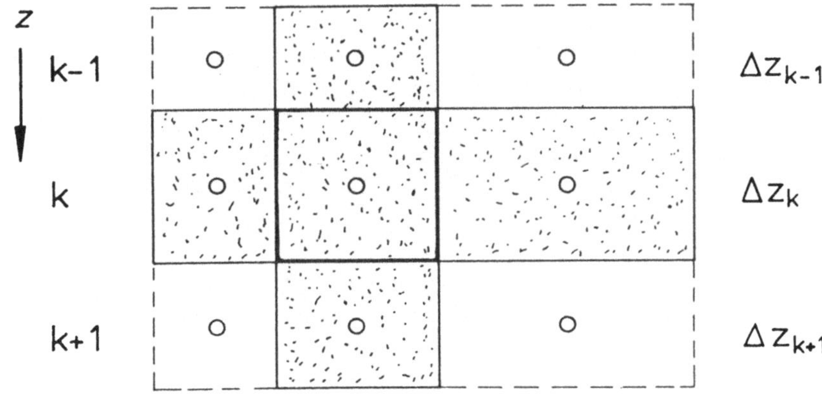

<u>Fig. 2.3</u>
Prinzip der Gebietsunterteilung in quaderförmige Volumenelemente mit durchgehenden Schichten

Die Richtung des Wärmestroms ist in Richtung der jeweiligen
Koordinatenachse bzw. bei Wärmestromeinspeisungen auf den
Knoten zu positiv.

Jedes Volumenelement wird im dreidimensionalen Fall durch
6 Teilwiderstände, die vom Knoten im Volumenelementschwerpunkt ausgehen, in Richtung der Koordinatenachsen ersetzt.
Ist das Volumenelement ein Wärmeübergangselement, so werden
nur die Teilwiderstände in Wärmeübergangsrichtung angesetzt.
Zwischen 2 benachbarten Knoten liegt also stets ein Gesamtwiderstand, der aus der Summe von 2 Teilwiderständen gebil-
det wird.

Beispielsweise liegt zwischen den Knoten der Volumenelemente
i,j,k und i+1,j,k im **Fall reiner Wärmeleitung**, s. <u>Fig. 2.3</u>,
der Gesamtwiderstand

$$R = \frac{0,5\Delta x_i}{A\lambda_{i,j,k}} + \frac{0,5\Delta x_{i+1}}{A\lambda_{i+1,j,k}} \quad \text{mit } A = \Delta y_j \Delta z_k \qquad (2.14)$$

Zwischen den Knoten der Volumenelemente i,j,k und i,j+1,k
liegt im Fall reiner Wärmeleitung der Gesamtwiderstand

$$R = \frac{0,5\Delta y_j}{A\lambda_{i,j,k}} + \frac{0,5\Delta y_{j+1}}{A\lambda_{i,j+1,k}} \quad \text{mit } A = \Delta x_i \Delta z_k \text{ und} \qquad (2.15)$$

zwischen den Knoten der Volumenelemente i,j,k und i,j,k+1
im Fall reiner Wärmeleitung der Gesamtwiderstand

$$R = \frac{0,5\Delta z_k}{A\lambda_{i,j,k}} + \frac{0,5\Delta z_{k+1}}{A\lambda_{i,j,k+1}} \quad \text{mit } A = \Delta x_i \Delta y_j \qquad (2.16)$$

Handelt es sich bei Volumenelement i,j,k um ein **Volumen-element mit reiner Wärmeleitung und** bei dem Nachbarelement i+1,j,k um ein **Volumenelement mit Wärmeübergang**, so gilt für den Gesamtwiderstand, s. <u>Fig. 2.4 und 2.5</u>,

$$R = \frac{0,5\Delta x_i}{A\lambda_{i,j,k}} + \frac{1}{A\alpha_{i+1,j,k}} \qquad \text{mit } A = \Delta y_j \Delta z_k \qquad (2.17)$$

Zwischen den Knoten der Volumenelemente i,j,k (Wärmeleitung) und i,j+1,k (Wärmeübergang) liegt der Gesamtwiderstand

$$R = \frac{0,5\Delta y_j}{A\lambda_{i,j,k}} + \frac{1}{A\alpha_{i,j+1,k}} \qquad \text{mit } A = \Delta x_i \Delta z_k \text{ und} \qquad (2.18)$$

zwischen den Knoten der Volumenelemente i,j,k (Wärmeleitung) und i,j,k+1 (Wärmeübergang) der Gesamtwiderstand

$$R = \frac{0,5\Delta z_k}{A\lambda_{i,j,k}} + \frac{1}{A\alpha_{i,j,k+1}} \qquad \text{mit } A = \Delta x_i \Delta y_j \qquad (2.19)$$

Bilden beispielsweise die drei Volumenelemente i,j,k, i+1,j,k und i+2,j,k in x-Richtung einen **Hohlraumteil der Schichtdicke s** = Δx_i + Δx_{i+1} + Δx_{i+2} mit dem Wärmedurchlaß-widerstand $(1/\Lambda) = f(s)$, s. <u>Fig. 2.6</u>, so erhält man die äquivalente Wärmeleitfähigkeit der einzelnen Volumenelemente in der jeweils betrachteten Koordinatenrichtung aus der Beziehung

$$1/\Lambda = \sum_i (s_i/\lambda_i) = (1/\lambda_{\ddot{a}q})\sum_i s_i = s/\lambda_{\ddot{a}q} \qquad (2.20)$$

zu

$$\lambda_{\ddot{a}q} = s/(1/\Lambda) \qquad (2.21)$$

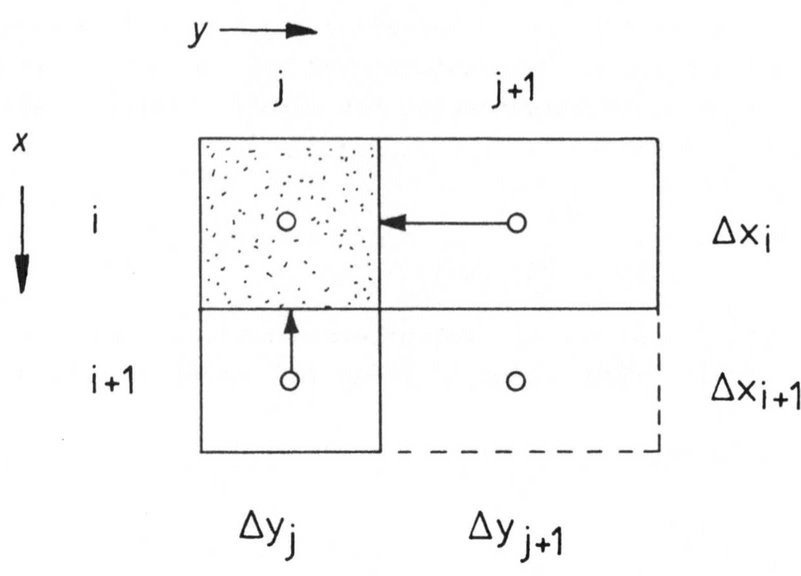

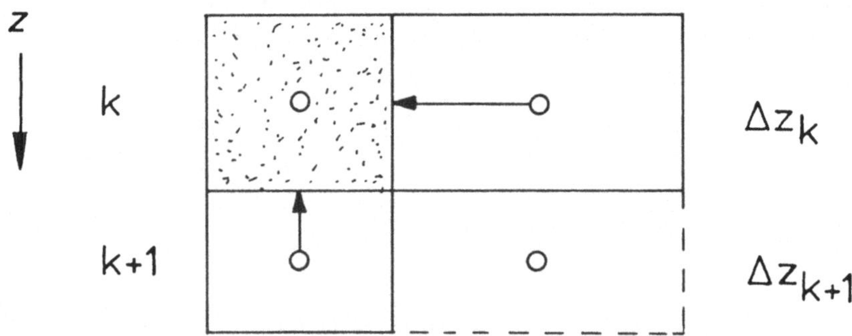

<u>Fig. 2.4</u>
Gebietsunterteilung Außenecke mit Wärmeübergang in x-, y-
und z-Richtung

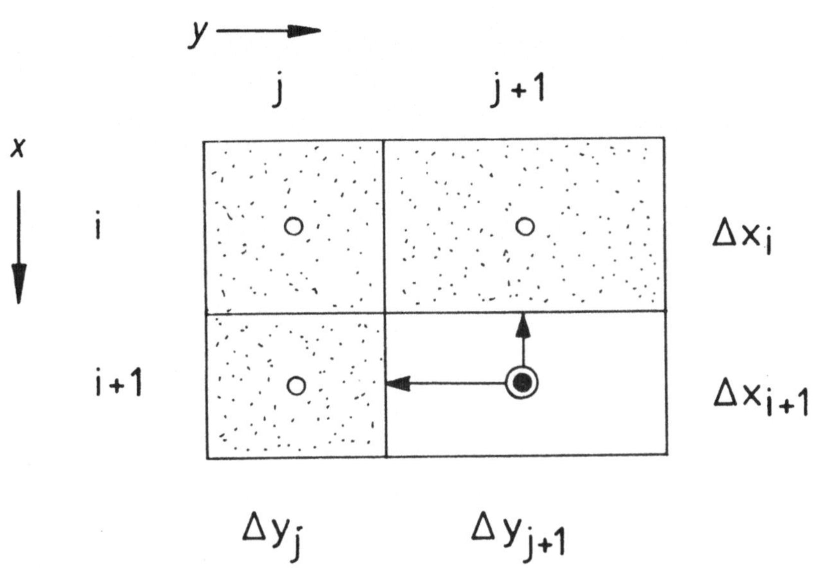

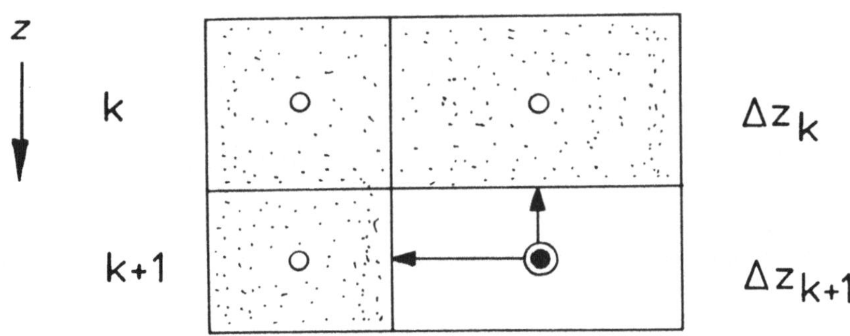

Fig. 2.5

Gebietsunterteilung Innenecke mit Wärmeübergang in x-, y- und z-Richtung

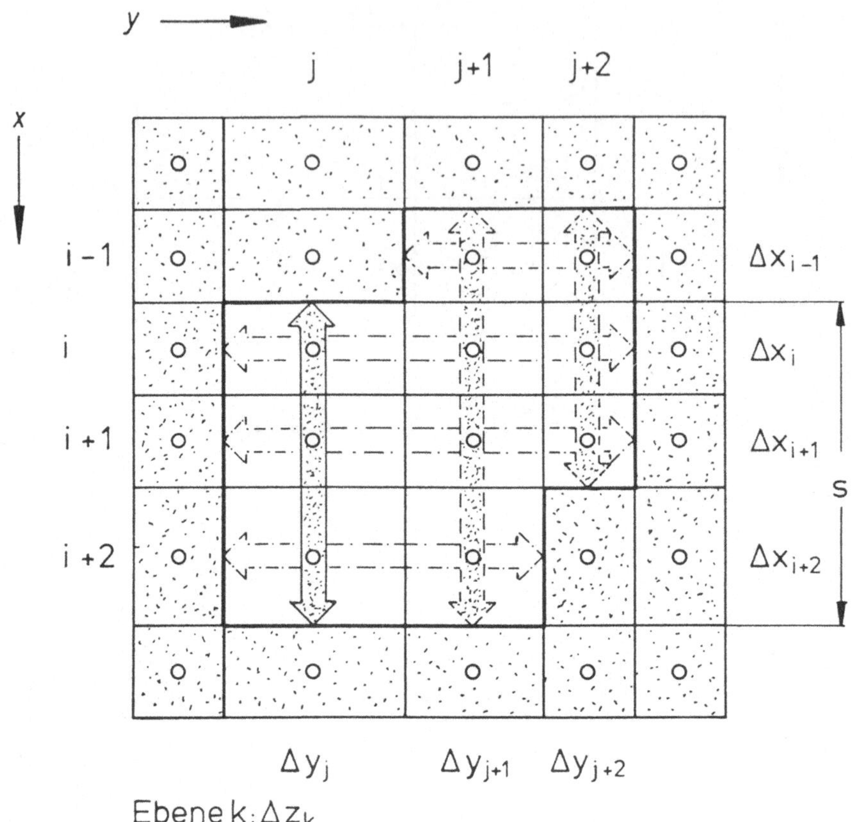

Fig. 2.6
Zur Hohlraumberücksichtigung durch $\lambda_{\ddot{a}q}$ und s in Koordinatenrichtung

Im vorliegenden Fall gilt also

$$\lambda_{\ddot{a}q} = \lambda_{i,j,k} = \lambda_{i+1,j,k} = \lambda_{i+2,j,k} = s/(1/\Lambda)$$

$$= (\Delta x_i + \Delta x_{i+1} + \Delta x_{i+2})/(1/\Lambda) \qquad (2.22)$$

und

$$s = \sum_i s_i \qquad (2.23)$$

In jeder Koordinatenrichtung parallelliegende Hohlraumteile werden analog behandelt.

Nach Diskretisierung des zu untersuchenden Bereichs kann die **Gleichungsaufstellung** für alle NKNT Knoten mit unbekannnter Knotentemperatur entsprechend Gl. (2.11) vorgenommen werden. Außerdem wird für alle NKNU Knoten mit vorgegebener Randtemperatur formal eine Beziehung wie folgt

$$\vartheta_m = \vartheta_{kn,m} = C_m \qquad (2.24)$$

angesetzt. Dadurch erhält man, auch bei komplizierten Geometrien, ein lineares Bandgleichungssystem der Form

$$\mathbf{A}\vartheta = \mathbf{b} \qquad (2.25)$$

mit symmetrischer, positiv definiter, mit von Null verschiedenen Matrixelementen schwach besetzter Koeffizientenmatrix **A**. ϑ ist der Lösungsvektor und **b** der Konstantenvektor [13, 14, 15].

Bei der Gleichungsaufstellung erscheinen außer den im Knoten vorgegebenen Randtemperaturen entsprechend Gl. (2.24) Wärmestromeinspeisungen $\dot{Q}_m$ mit positivem (negativem) Vorzeichen auf der **rechten** Seite, wenn dem Knoten ein Wärmestrom zugeführt wird (wenn vom Knoten ein Wärmestrom abgeführt wird). Wärmeströme $\dot{Q}_{i,m}$ von Knoten m zu Nachbarknoten i mit vorgegebener Randtemperatur $\vartheta_i = \vartheta_{kn,i} = C_i$ erscheinen als Konstanten $\sum\limits_i (G_{i,m}\vartheta_{kn,i})$ ebenfalls auf der **rechten** Seite der Gleichung für Knoten m. Jedoch wird für die Berechnung von $(\Sigma G)_m$ für Knoten m der "Leitwert" $G_{i,m}$ zu einem Nachbarknoten mit vorgegebener Randtemperatur auf der **linken** Seite mitberücksichtigt. Eine adiabatische Wärmedämmung zwischen den Nachbarknoten m und i wird wegen $R_{i,m} \longrightarrow \infty$, also $G_{i,m} \longrightarrow 0$, durch Nichtberücksichtigung der entsprechenden Terme in Gl. (2.11) erfaßt.

Wird der Bereich in

      NMV Schichten in (z.B. vertikaler)   x-Richtung,
      NMH Schichten in (z.B. horizontaler) y-Richtung und
      NMT Schichten in (z.B. Tiefen-)   z-Richtung

eingeteilt, ergeben sich

$$\text{NMGES} = \text{NEQ} = \text{NKNT} + \text{NKNU} = \text{NMV} * \text{NMH} * \text{NMT} \qquad (2.26)$$

Bestimmungsgleichungen für die Knotentemperaturen.

Bei der **Numerierung der Knoten** ist zu beachten, daß die i-te Zeile der Matrix **A**, welche der i-ten Knotenvariablen zugeordnet werden kann, außer dem Diagonalelement in der Spalte j ($j \neq i$) höchstens dann ein von Null verschiedenes Matrixelement enthält, falls die j-te Knotenvariable einem Nachbarelement des Knotens i gehört. Die Position der von Null verschiedenen Nebendiagonalelemente hängt deshalb wesentlich von der gewählten Numerierung der Knoten ab. Die Numerierung beeinflußt entscheidend die Bandbreite der Matrix und damit sowohl den Speicherbedarf wie auch den Rechenaufwand bei der Lösung des Gleichungssystems [16, 17].

Bei dem vorliegendem Programm werden die Knoten bzw. Volumenelemente wie folgt von m = 1, NMGES durchnumeriert

    schichtenweise   (in z-Richtung: k = 1, NMT)
    von links nach rechts   (in y-Richtung: j = 1, NMH) und
    von oben nach unten   (in x-Richtung: i = 1, NMV):

```
    DO  1  K = 1, NMT
    DO  1  J = 1, NMH
    DO  1  I = 1, NMV
    M = I + (J-1) * NMV + (K-1) * NMV * NMH
  1 CONTINUE
```

Zur Minimierung der **Bandbreite** muß

$$NMV \leq NMH \qquad \text{(im zweidimensionalen Fall)}$$
bzw. $\qquad$ (2.27)
$$NMV \leq NMH \leq NMT \quad \text{(im dreidimensionalen Fall)}$$

gewählt werden. Die halbe Bandbreite zuzüglich des Diagonalelementes NBAND ergibt sich im zweidimensionalen Fall
($1 \leq NMV \leq NMH$, $NMT = 1$) zu

$$NBAND = NMV + 1 \tag{2.28}$$

bzw. im dreidimensionalen Fall ($1 \leq NMV \leq NMH \leq NMT$) zu

$$NBAND = NMV * NMH + 1 \tag{2.29}$$

Beispiel 2.1 - Aufstellung des Gleichungssystems bei einem beheizbaren Belag nach Fig. 2.7

Unter Benutzung der Gl. (2.2), (2.8) bis (2.19) sei das vorher Gesagte nun am Beispiel eines beheizbaren Belages im einzelnen erläutert und die Aufstellung einer Gleichung für jede Knotentemperatur ϑ entsprechend Gl. (2.11) praktisch vorgenommen. Nachgerechnet werde eine im Klimaprüfstand der BAM ausgeführte Messung an einem Betonprobekörper mit aufgebrachtem beheizbaren Belag ohne Eisschicht [18,19]. Die flächenbezogene Heizleistung beträgt $\dot{q} = 300$ W/m^2, die Dicke der Betonplatte 0,2 m. Die Elementaufteilung für die rechnerische Untersuchung und der Aufbau der im Originalmodell 3 m x 2 m großen Betonplatte gehen aus __Fig. 2.7__ hervor. Hier wird ein 3 m breiter und 1 m tiefer ($\Delta z = 1$ m) Ausschnitt nachgerechnet, so daß sich für

$$\text{Knoten} \quad 3 \quad \text{(Volumenelement } i=3, \ j=1, \ k=1),$$
$$\text{Knoten} \quad 8 \quad \text{(Volumenelement } i=3, \ j=2, \ k=1) \text{ und}$$
$$\text{Knoten} \quad 13 \quad \text{(Volumenelement } i=3, \ j=3, \ k=1)$$

je eine Wärmestromeinspeisung von $\dot{Q} = 300$ W ergibt, s. __Fig. 2.7 und 2.11__. Der Heizleiter wird in diesem Modell als punktförmige Wärmequelle angenommen. Der Einfluß des geometrischen und stofflichen Aufbaus der vielfältigen Heizleitertypen wird damit nicht erfaßt. Die Einflüsse einer endlichen seitlichen Begrenzung des Probekörpers werden ebenfalls vernachlässigt und der betrachtete Bereich als halbunendlich angenommen [20]. Bis auf die obere und untere Begrenzungsfläche des untersuchten Bereichs können somit aus Symmetriegründen alle anderen Begrenzungsflächen als adiabatisch angesehen werden.

Der Berechnung der Teilwiderstände, der Gesamtwiderstände und der "Leitwerte" G für die Aufstellung des Gleichungs-

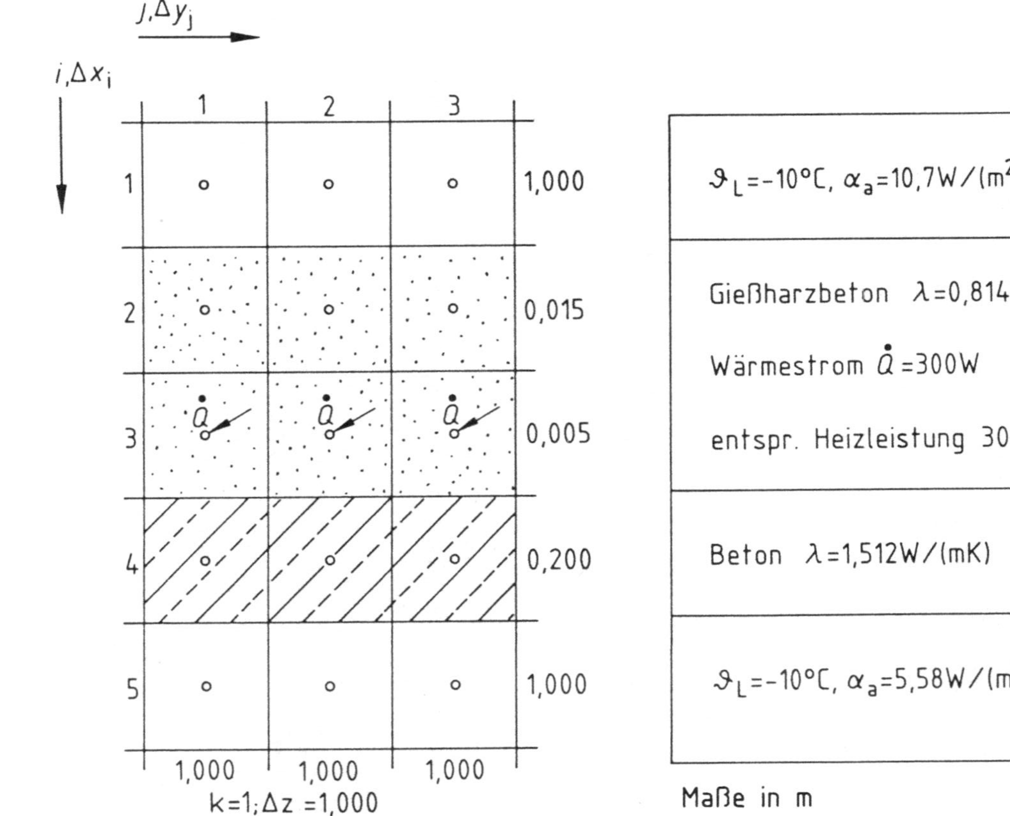

Fig. 2.7
Elementaufteilung und Daten des beheizbaren Belages

systems liegen die nachstehend aufgeführten Kennwerte mit
voller Stellenzahl zugrunde:

- konstante Lufttemperatur $\vartheta_L = -10\ °C$ in

  Knoten 1 (Volumenelement i=1, j=1, k=1)

  Knoten 6 (Volumenelement i=1, j=2, k=1)

  Knoten 11 (Volumenelement i=1, j=3, k=1)

  Knoten 5 (Volumenelement i=5, j=1, k=1)

  Knoten 10 (Volumenelement i=5, j=2, k=1)

  Knoten 15 (Volumenelement i=5, j=3, k=1)

- Wärmeübergangskoeffizient
  Betonplattenunterseite $\qquad \alpha_a = 5{,}582_5\ W/(m^2K)$
- Wärmeübergangskoeffizient
  Probekörperoberfläche $\qquad \alpha_a = 10{,}70\ W/(m^2K)$
- Wärmeleitfähigkeit Gießharzbeton $\quad \lambda = 0{,}8141\ W/(mK)$
- Wärmeleitfähigkeit Beton $\qquad \lambda = 1{,}511_9\ W/(mK)$

Unter Benutzung der Gl. (2.8) und (2.9) werden zunächst für
jedes Volumenelement die Teilwiderstände, die vom Knoten
im Volumenelementschwerpunkt ausgehen, in x- und y-Richtung
errechnet, s. Fig. 2.8. Dann werden nach den Gl. (2.14) bis
(2.19) jeweils zwei Teilwiderstände zu einem Gesamtwiderstand zwischen 2 Nachbarknoten zusammengefaßt, s. Fig. 2.9,
und nach Gl. (2.10) invertiert, s. Fig. 2.10. Mit den sym-
bolischen Bezeichnungen von Fig. 2.11 kann nun entsprechend
Gl. (2.11) unter Beachtung von (2.12) und (2.13) für jeden
Knoten m eine Gleichung für die unbekannte Knotentemperatur
ϑ_m aufgestellt werden.

Für **Knoten 8** (Volumenelement i=3, j=2, k=1) erhält man
beispielsweise nach Gl. (2.12)

$$(\Sigma G)_8 = G_{3,8} + G_{7,8} + G_{8,9} + G_{8,13}$$
$$= 0{,}004071 + 81{,}433 + 14{,}449 + 0{,}004071$$
$$= 95{,}890\ W/K$$

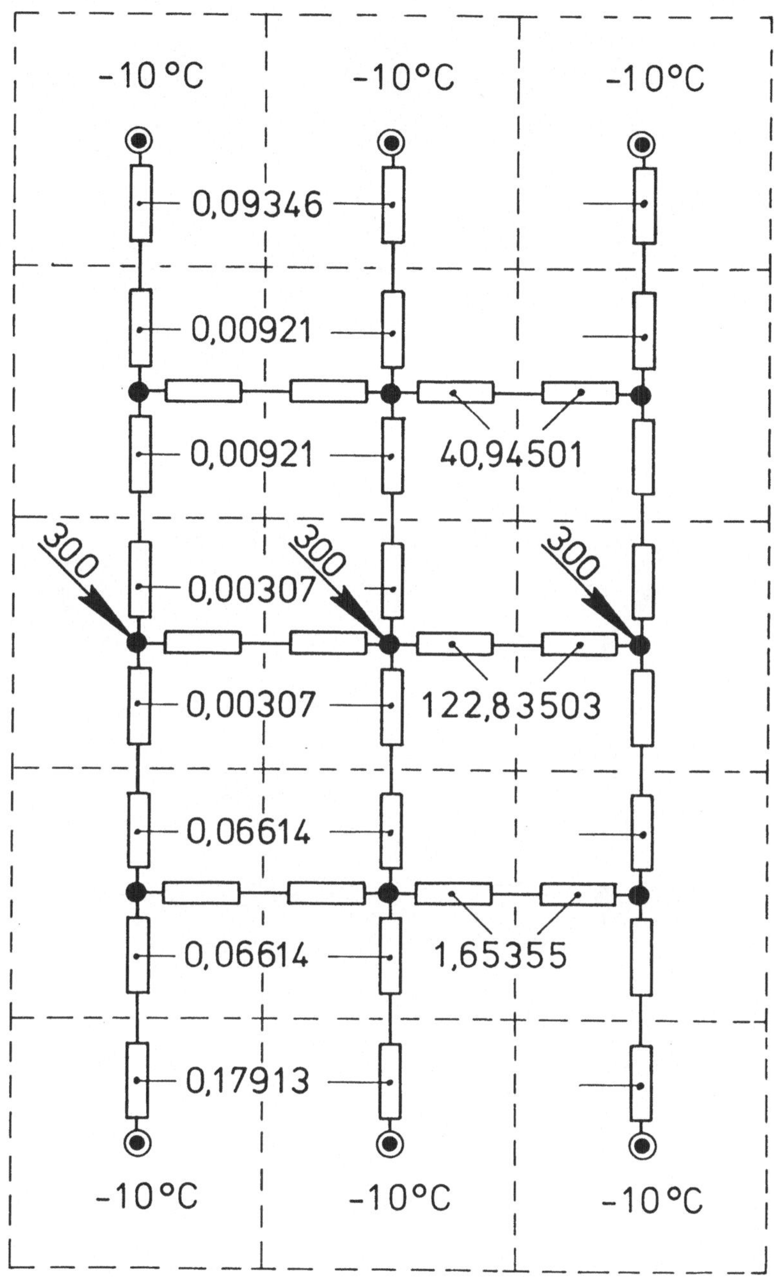

<u>**Fig. 2.8**</u>
Überführung des beheizbaren Belages in ein analoges Widerstandsnetzwerk mit Teilwiderständen zwischen den Knoten
(R in K/W, $\dot{Q}$ in W)

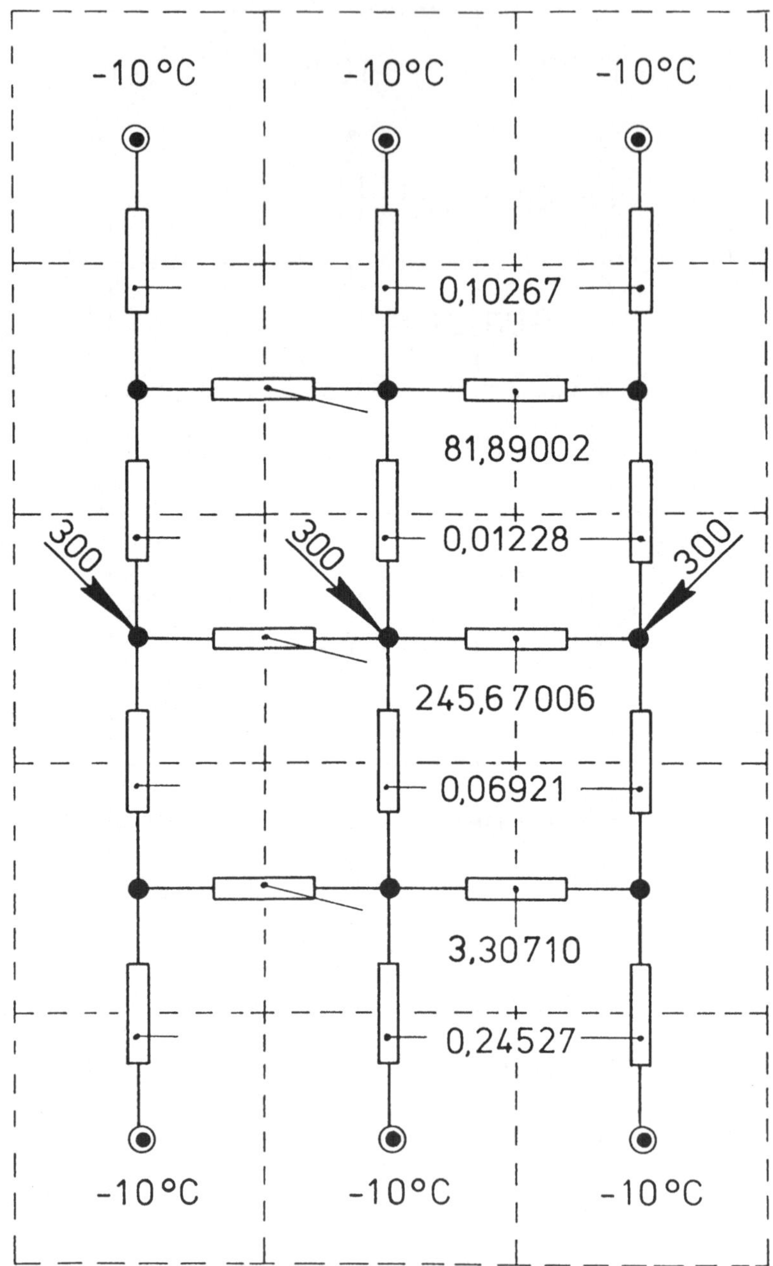

Fig. 2.9

Analoges Widerstandsnetzwerk des beheizbaren Belages nach
Zusammenfassung der beiden Teilwiderstände zwischen 2 Nachbarknoten zu einem Gesamtwiderstand (R in K/W, $\dot{Q}$ in W)

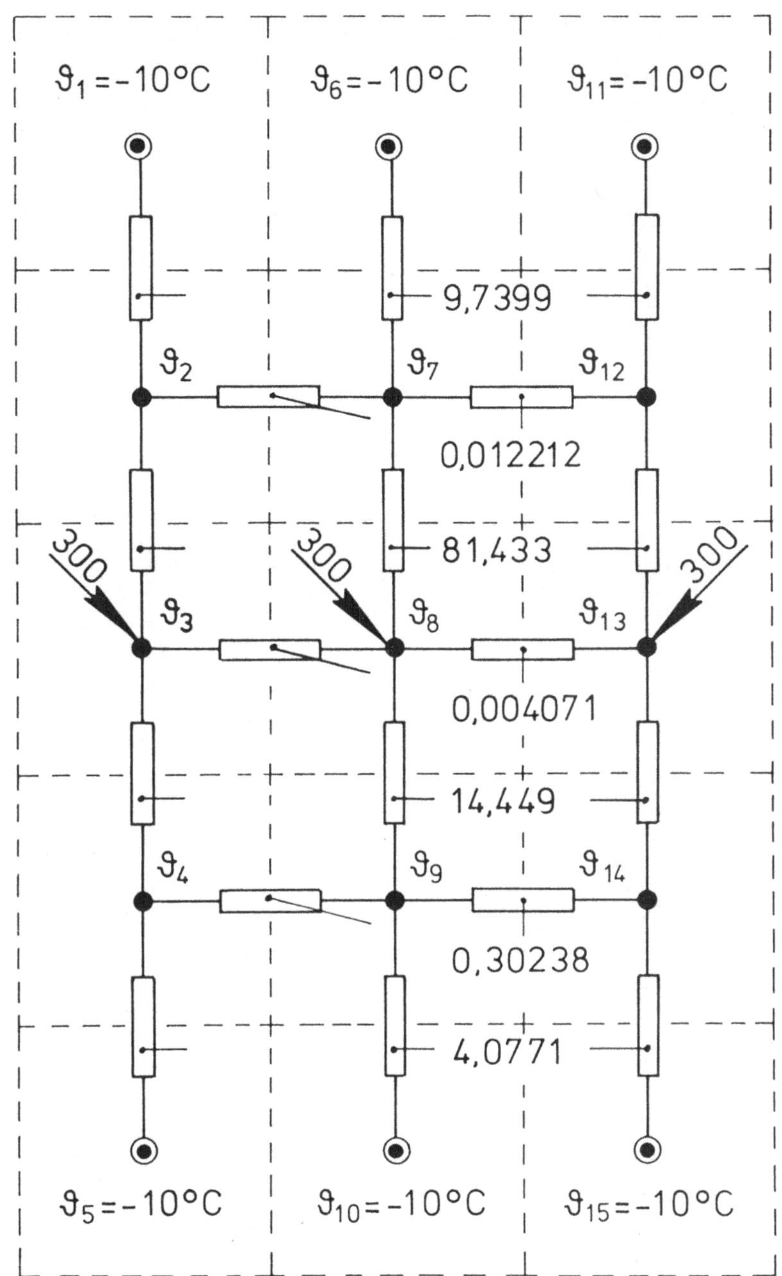

Fig. 2.10

Der Gleichungsaufstellung nach Gl. (2.11) zugrundegelegtes analoges Netzwerk des beheizbaren Belages nach Berechnung der "Leitwerte" G zwischen 2 Nachbarknoten entsprechend Gl. (2.10) (G in W/K, $\dot{Q}$ in W)

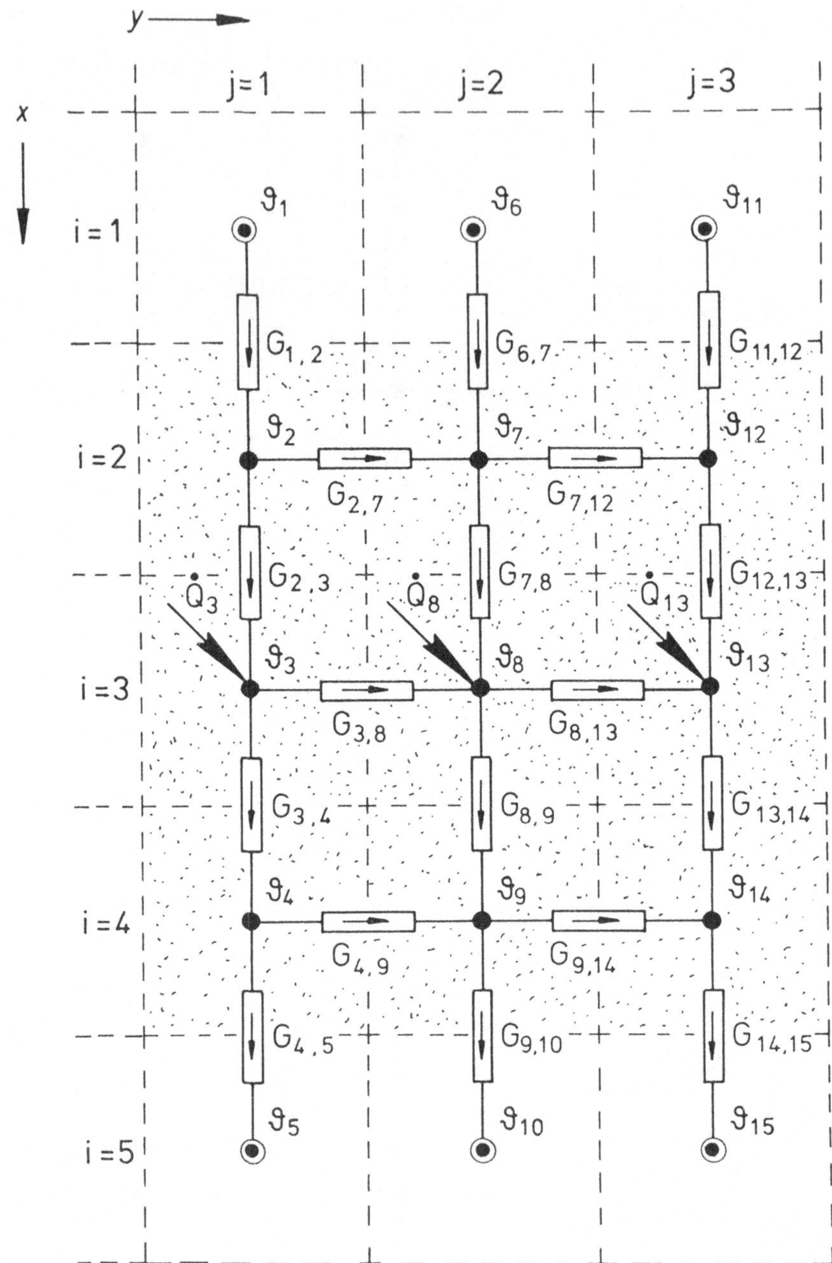

Fig. 2.11

Symbolische Bezeichnungen der Netzwerk-Analogie zum beheizbaren Belag (k=1 Ebene in z-Richtung)

und damit entsprechend Gl. (2.11)

$$- G_{3,8}\,\vartheta_3 - G_{7,8}\,\vartheta_7$$
$$+ (G_{3,8} + G_{7,8} + G_{8,9} + G_{8,13})\,\vartheta_8$$
$$- G_{8,9}\,\vartheta_9 - G_{8,13}\,\vartheta_{13} - \dot{Q}_8 =$$

$$- 0{,}004071\,\vartheta_3 - 81{,}433\,\vartheta_7 + 95{,}890\,\vartheta_8 - 14{,}449\,\vartheta_9$$
$$- 0{,}004071\,\vartheta_{13} - 300 = 0$$

bzw.

$$- 0{,}004071\,\vartheta_3 - 81{,}433\,\vartheta_7 + 95{,}890\,\vartheta_8 - 14{,}449\,\vartheta_9$$
$$- 0{,}004071\,\vartheta_{13} = 300$$

Für **Knoten 4** (Volumenelement i=4, j=1, k=1) erhält man bei-spielsweise nach Gl. (2.12)

$$(\Sigma G)_4 = G_{3,4} + G_{4,5} + G_{4,9}$$
$$= 14{,}449 + 4{,}0771 + 0{,}30238$$
$$= 18{,}828 \ \text{W/K}$$

und damit entsprechend Gl. (2.11)

$$- G_{3,4}\,\vartheta_3$$
$$+ (G_{3,4} + G_{4,5} + G_{4,9})\,\vartheta_4$$
$$- G_{4,5}\,\vartheta_5 - G_{4,9}\,\vartheta_9 =$$

$$- 14{,}449\,\vartheta_3 + 18{,}828\,\vartheta_4 - (4{,}0771)(-10) - 0{,}30238\,\vartheta_9 =$$
$$- 14{,}449\,\vartheta_3 + 18{,}828\,\vartheta_4 + 40{,}771 - 0{,}30238\,\vartheta_9 = 0$$

bzw.

$$- 14{,}449\,\vartheta_3 + 18{,}828\,\vartheta_4 - 0{,}30238\,\vartheta_9 = - 40{,}771$$

34

Knoten	Koeffizienten, Gleichungsvariablen $\quad -G_l * \vartheta_l - G_o * \vartheta_o + (G_l + G_o + G_u + G_r)\,\vartheta_m - G_u * \vartheta_u - G_r * \vartheta_r$	Konstanten
1	ϑ_{01}	$= \vartheta_{kn,01}$
2	$(\,G_{01,02} + G_{02,03} + G_{02,07})\,\vartheta_{02} - G_{02,03}\,\vartheta_{03} - G_{02,07}\,\vartheta_{07}$	$= G_{01,02}\,\vartheta_{kn,01}$
3	$- G_{02,03}\,\vartheta_{02} + (\,G_{02,03} + G_{03,04} + G_{03,08})\,\vartheta_{03} - G_{03,04}\,\vartheta_{04} - G_{03,08}\,\vartheta_{08}$	$= \dot{Q}_{03}$
4	$- G_{03,04}\,\vartheta_{03} + (\,G_{03,04} + G_{04,05} + G_{04,09})\,\vartheta_{04} - G_{04,09}\,\vartheta_{09}$	$= G_{04,05}\,\vartheta_{kn,05}$
5	ϑ_{05}	$= \vartheta_{kn,05}$
6	ϑ_{06}	$= \vartheta_{kn,06}$
7	$- G_{02,07}\,\vartheta_{02} + (G_{02,07} + G_{06,07} + G_{07,08} + G_{07,12})\,\vartheta_{07} - G_{07,08}\,\vartheta_{08} - G_{07,12}\,\vartheta_{12}$	$= G_{06,07}\,\vartheta_{kn,06}$
8	$- G_{03,08}\,\vartheta_{03} - G_{07,08}\,\vartheta_{07} + (G_{03,08} + G_{07,08} + G_{08,09} + G_{08,13})\,\vartheta_{08} - G_{08,09}\,\vartheta_{09} - G_{08,13}\,\vartheta_{13}$	$= \dot{Q}_{08}$
9	$- G_{04,09}\,\vartheta_{04} - G_{08,09}\,\vartheta_{08} + (G_{04,09} + G_{08,09} + G_{09,10} + G_{09,14})\,\vartheta_{09} - G_{09,14}\,\vartheta_{14}$	$= G_{09,10}\,\vartheta_{kn,10}$
10	ϑ_{10}	$= \vartheta_{kn,10}$
11	ϑ_{11}	$= \vartheta_{kn,11}$
12	$- G_{07,12}\,\vartheta_{07} + (G_{07,12} + G_{11,12} + G_{12,13})\,\vartheta_{12} - G_{12,13}\,\vartheta_{13}$	$= G_{11,12}\,\vartheta_{kn,11}$
13	$- G_{08,13}\,\vartheta_{08} - G_{12,13}\,\vartheta_{12} + (G_{08,13} + G_{12,13} + G_{13,14})\,\vartheta_{13} - G_{13,14}\,\vartheta_{14}$	$= \dot{Q}_{13}$
14	$- G_{09,14}\,\vartheta_{09} - G_{13,14}\,\vartheta_{13} + (G_{09,14} + G_{13,14} + G_{14,15})\,\vartheta_{14}$	$= G_{14,15}\,\vartheta_{kn,15}$
15	ϑ_{15}	$= \vartheta_{kn,15}$

<u>Fig. 2.12</u>

Knotenweise Aufstellung des Gleichungssystems nach Gl. (2.11)
am Beispiel eines beheizbaren Belages

Für jeden Knoten mit vorgegebener Randtemperatur wird entsprechend Gl. (2.24) ebenfalls eine Beziehung aufgestellt, etwa für den **Knoten 6** (Volumenelement i=1, j=2, k=1) die Gleichung

$$\vartheta_6 = -10 \ °C \quad , \ \text{s. } \underline{Fig. \ 2.10 \ und \ 2.11}.$$

Stellt man nun für jeden Knoten des entsprechend <u>Fig. 2.11</u> diskretisierten beheizbaren Belages Beziehungen unter Beachtung der Gl. (2.11) und (2.24) auf, so erhält man ein Gleichungssystem nach <u>Fig. 2.12</u>.

Da für den beheizbaren Belag bei der vorgenommenen Diskretisierung nach den <u>Fig. 2.7, 2.10 und 2.11</u> ein analoges Netzwerk mit

    NMV = 5 Maschen in (vertikaler)   x-Richtung,
    NMH = 3 Maschen in (horizontaler) y-Richtung und
    NMT = 1 Masche in (Tiefen-)   z-Richtung

vorliegt, ergeben sich nach Gl. (2.26)

    NMGES = NEQ = NMV * NMH * NMT = 15 Bestimmungsgleichungen

entsprechend <u>Fig. 2.13</u> für die unbekannten NKNT = 9 Knotentemperaturen und die als unbekannt angenommenen NKNU = 6 Knoten mit vorgegebener Randtemperatur. Die Anzahl der Wärmestromeinspeisungen beträgt NKNI = 3.

Die effektive Besetzung der Matrix **A** beim beheizbaren Belag, die typisch für ein zweidimensionales Modell ist, zeigt <u>Fig. 2.14</u>. Es handelt sich um eine schwach besetzte, symmetrische Matrix mit einer halben Bandbreite zuzüglich des Diagonalelements nach Gl. (2.28) von

    NBAND = NMV + 1 = 5 + 1 = 6.

Knoten	Koeffizienten, Gleichungsvariablen					Konstanten
	(links)	(oben)	(Mitte)	(unten)	(rechts)	
1			$1,0000\ \vartheta_{01}$			$= -\ 10,00$
2			$91,185\ \vartheta_{02}$	$-\ 81,433\ \vartheta_{03}$	$-\ 0,012212\ \vartheta_{07}$	$= -\ 97,399$
3		$-\ 81,433\ \vartheta_{02}$	$+\ 95,886\ \vartheta_{03}$	$-\ 14,449\ \vartheta_{04}$	$-\ 0,004071\ \vartheta_{08}$	$=\ 300,00$
4		$-\ 14,449\ \vartheta_{03}$	$+\ 18,828\ \vartheta_{04}$		$-\ 0,30238\ \vartheta_{09}$	$= -\ 40,771$
5			$1,0000\ \vartheta_{05}$			$= -\ 10,000$
6			$1,0000\ \vartheta_{06}$			$= -\ 10,000$
7	$-\ 0,012212\ \vartheta_{02}$		$+\ 91,197\ \vartheta_{07}$	$-\ 81,433\ \vartheta_{08}$	$-\ 0,012212\ \vartheta_{12}$	$= -\ 97,399$
8	$-\ 0,004071\ \vartheta_{03}$	$-\ 81,433\ \vartheta_{07}$	$+\ 95,890\ \vartheta_{08}$	$-\ 14,449\ \vartheta_{09}$	$-\ 0,004071\ \vartheta_{13}$	$=\ 300,00$
9	$-\ 0,30238\ \vartheta_{04}$	$-\ 14,449\ \vartheta_{08}$	$+\ 19,131\ \vartheta_{09}$		$-\ 0,30238\ \vartheta_{14}$	$= -\ 40,771$
10			$1,0000\ \vartheta_{10}$			$= -\ 10,000$
11			$1,0000\ \vartheta_{11}$			$= -\ 10,000$
12	$-\ 0,012212\ \vartheta_{07}$		$+\ 91,185\ \vartheta_{12}$	$-\ 81,433\ \vartheta_{13}$		$= -\ 97,399$
13	$-\ 0,004071\ \vartheta_{08}$	$-\ 81,433\ \vartheta_{12}$	$+\ 95,886\ \vartheta_{13}$	$-\ 14,449\ \vartheta_{14}$		$=\ 300,00$
14	$-\ 0,30238\ \vartheta_{09}$	$-\ 14,449\ \vartheta_{13}$	$+\ 18,828\ \vartheta_{14}$			$= -\ 40,771$
15			$1,0000\ \vartheta_{15}$			$= -\ 10,000$

Fig. 2.13

Symmetrisches und schwach besetztes, lineares Bandgleichungssystem $A\vartheta = b$ am Beispiel eines beheizbaren Belages

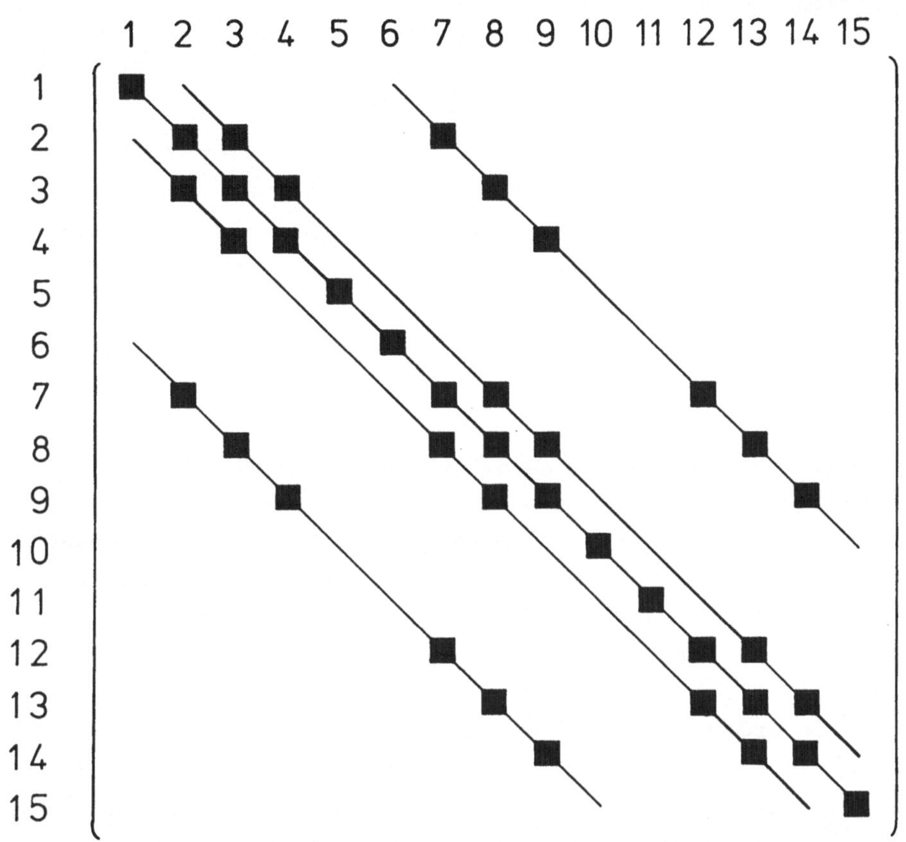

Fig. 2.14

Effektive Besetzung der Matrix **A** beim beheizbaren Belag

Es sei darauf hingewiesen, daß eine Diskretisierung des beheizbaren Belages entsprechend

    NMV = 5 (5 Schichten in x-Richtung)
    NMH = 1 (1 Schicht   in y-Richtung)
    NMT = 1 (1 Schicht   in z-Richtung)

wegen des eindimensionalen Charakters des vorliegenden Problems ausreichend gewesen wäre und nur zu NMGES = NEQ = 5 Gleichungen geführt hätte, hier aber aus didaktischen Gründen die Aufstellung des Gleichungssystems an einem zweidimensionalen Modell gezeigt werden sollte.

Die **Auflösung des linearen Gleichungssystems,** das im dreidimensionalen Fall meistens sehr viele Unbekannte hat, mit positiv definiter, symmetrischer, bandförmiger und schwach besetzter Koeffizientenmatrix kann entweder mit einer direkten oder mit einer iterativen Lösungsmethode erfolgen. Ausschlaggebend für die Wahl der Lösungsmethode können Art und Kapazität der zur Verfügung stehenden Rechenanlage sein, etwa die Größe des dem Benutzer zugänglichen Teils des Zentralspeichers mit schnellem Zugriff (Kernspeichers), die gegebene **Stellenzahl** des Rechners (**VAX 11/780 ca. 7 Stellen**), die Übertragungsgeschwindigkeit vom Kern- zum Plattenspeicher, die Rechengeschwindigkeit und damit die noch tolerierbare Kernspeicher-Rechenzeit (**CPU-Zeit** = Central Processing Unit Time) bzw. die Verweilzeit im Rechner insgesamt [13, 15-17, 23].

Die **direkten Lösungsmethoden,** welche auf der schrittweisen Elimination der Unbekannten wie Gauß-Algorithmus oder Cholesky-Verfahren beruhen oder die direkte Dreieckszerlegung nach Crout benutzen, erfordern die Speicherung der ganzen, hier sehr großen Koeffizientenmatrix und des Kon-

stantenvektors oder zumindest der wesentlichen Teile davon.
Man wird also bei der Wahl einer derartigen Methode meistens
die Speicherung auf einem Hilfsspeicher, etwa einem Plattenspeicher, vornehmen und eine sog. Blockeliminationsmethode
verwenden. Die Koeffizientenmatrix wird hierbei in Unter-
matrizen oder Matrix-Blöcke aufgeteilt, der Lösungs- und
Konstantenvektor entweder in entsprechende Teilvektoren oder
gar nicht. Die Größe der Matrix-Blöcke wird dabei so festgelegt, daß der verfügbare Platz im Zentralspeicher gerade
ausreicht, um die Ausführung eines Teilschritts der Zerlegung vornehmen zu können [5, 6, 16, 17, 21, 22].

Die **Iterationsverfahren**, die die gesuchte Lösung als Grenz-
wert einer Folge von Näherungen bestimmen, nutzen demgegen-
über die schwache Besetzung der Koeffizientenmatrix voll aus
und lassen die Koeffizientenmatrix unverändert. Da nur die
von Null verschiedenen Matrixelemente gespeichert werden,
ist der benötigte Speicherbedarf im Vergleich zu den Elimi-
nationsmethoden bedeutend geringer. Dafür ist die Anzahl der
benötigten wesentlichen Rechenoperationen (Multiplikationen
und Divisionen) in der Regel erheblich höher. Die Verwendung
von Iterationsverfahren bietet sich besonders für relativ
kleine Rechner ohne Hilfsspeicher oder mit kleiner Transfer-
geschwindigkeit zwischen Zentral- und Plattenspeicher an.
Das Konvergenzverhalten iterativer Lösungsverfahren hängt
entscheidend von der Kondition der Koeffizientenmatrix ab.
Ein sehr effektives iteratives Verfahren ist die Methode der
konjugierten Gradienten (mit Vorkonditionierung wegen der
Rundungsfehlerempfindlichkeit des Verfahrens) [15-17, 23].

Im vorliegenden Fall wird ein sehr leistungsfähiges **Block-
eliminationsverfahren mit modifizierter Dreieckszerlegung
nach Crout** eingesetzt. Es ist auch für schlecht konditio-
nierte Koeffizientenmatrizen, etwa für den Fall stark unterschiedlicher Wärmeleitfähigkeiten (Stahl $\lambda = 60$ W/(mK) und

Polystyrol-Hartschaum $\lambda = 0,040$ W/(mK)) und sehr kleiner
Schichtdicken bei Stahlprofilen einsetzbar. Die Methode der
Dreieckszerlegung nach Crout ist [5, 15, 21] zu entnehmen.
Eine detaillierte Diskussion der modifizierten Methode der
Dreieckszerlegung nach Crout, und wie sie sich von der Gauß-
Elimination unterscheidet, erfolgt in [5]. Die spezielle
Programmversion - SUBROUTINE OPTBLK, Partition A - mit Be-
schreibung des Lösungsalgorithmus und des kompakten Spei-
cherschemas enthält [6]. Die Speicherung der halben oberen
Koeffizientenmatrix und der reduzierten Matrix erfolgt auf
dem Plattenspeicher, die Auflösung des Gleichungssystems
blockweise unter Benutzung von Rechteckblöcken im Zentralspeicher. Bei dem benutzten Aufteilungsschema A wird nur die
halbe Koeffizientenmatrix **A** in unterschiedlich große Unter-
matrizen gleicher Blocklänge LBLOK = NSB aufgeteilt. Der
Lösungsvektor ϑ und der Konstantenvektor **b** werden vollständig abgespeichert. Der verfügbare Speicherplatz für einen
Konstantenvektor ist maximal gleich dem eines Matrix-Blockes.
Bei der vorliegenden Programmversion beträgt er

$$NEQ = NMGES = NMV * NMH * NMT \leq NSB = LBLOK = 6000 \qquad (2.30)$$

Der Gleichungsauflöser benötigt drei **sequentielle Hilfs-
dateien** auf dem Plattenspeicher, die im Falle der VAX 11/780
automatisch kreiert werden, nämlich

NORG bzw. NMAT   zur Speicherung der halben Koeffizienten-
                          matrix

NRED   zur Speicherung der reduzierten Koeffizien-
                          tenmatrix

NPVT   zur Speicherung der Pivot-Blöcke

Die Datei NORG bzw. NMAT enthält NBLOK unreduzierte Matrix-Blöcke der Blocklänge NSB (aktueller Parameter) bzw. LBLOK (formaler Parameter in SUBROUTINE OPTBLK) und hat somit die Größe

$$(SPBED)_{NORG} = NBLOK * NSB = NBLOK * LBLOK \qquad (2.31)$$

Die minimale Anzahl der Unbekannten bzw. Spalten je Block erhält man, wenn man von einer Besetzung aller Nebendiagonalen, also einer Rechteckabspeicherung gleich großer Matrizen, ausgeht, zu

$$(NUB)_{min} = NSB \ / \ NBAND = LBLOK \ / \ NBAND \qquad (2.32)$$

und damit die maximal mögliche Anzahl von Blöcken (aufgerundet auf einen ganzzahligen Wert) zu

$$(NBLOK)_{max} = NEQ \ / \ (NUB)_{min} \qquad (2.33)$$
$$= NEQ * NBAND \ / \ NSB = NEQ * NBAND \ / \ LBLOK$$

Jeder Matrix-Block enthält kompakt abgespeicherte Spaltenglieder der oberen Dreiecks-Koeffizientenmatrix inklusive Diagonalglied und Adressen der Diagonalglieder. Es erfolgt also eine spaltenweise **Speicherung des Profils der oberen Hälfte der Koeffizientenmatrix**. Nur zwischen Nebendiagonalkoeffizienten und Diagonalkoeffizienten bzw. in der 1. Nebendiagonale direkt über dem Diagonalkoeffizienten liegende unbesetzte Plätze werden als Null gespeichert, s. Beisp. 2.2. So wird der verfügbare Speicherplatz optimal ausgenutzt.

Zu beachten ist lediglich die Nebenbedingung, daß die tatsächlich ausgenutzte Blocklänge

$$(SPBED)_{Block} \leq NSB = LBLOK = 6000 \qquad (2.34)$$

bleibt. Die in jedem Block auftretende Anzahl von Spalten
ist unterschiedlich groß. Die maximal in einem der Blöcke
auftretende Anzahl von Spalten ist MAXC. Sie kann nach unten
aus Gl. (2.32), nach oben aus

$$MAXC \leq NEQ \qquad\qquad (2.35)$$

abgeschätzt werden.

Die Datei NRED enthält die reduzierten Matrix-Blöcke. Der
Speicherbedarf ist genauso groß wie bei der Datei NORG.

Die Datei NPVT enthält die während der Reduktion erzeugten
Pivot-Blöcke. Der Speicherbedarf ist wenigstens

$$(SPBED)_{NPVT} = NEQ = NMGES \qquad\qquad (2.36)$$

und beträgt tatsächlich NBLOK Blöcke der gleichen Länge MAXC

$$(SPBED)_{NPVT} = MAXC * NBLOK \qquad\qquad (2.37)$$

MAXC wird jedoch erst während der Gleichungsaufstellung ge-
nau ermittelt.

**Beispiel 2.2 – Profilspeicherung der Koeffizientenmatrix A
beim beheizbaren Belag**

Bei spaltenweiser Speicherung des Profils der oberen Hälfte
der Koeffizientenmatrix **A** des beheizbaren Belages ergibt
sich bei Annahme eines verfügbaren Speicherplatzes pro Block
von NSB = LBLOK = 45, einer Anzahl von Matrix-Blöcken von
NBLOK = 2 bei NEQ = NMGES = 15 Unbekannten ein Speicher-
schema nach <u>Fig. 2.15</u>. Die Anzahl der Spalten für Matrix-
Block 1 ist 10, für Matrix-Block 2 ergeben sich 5 Spalten

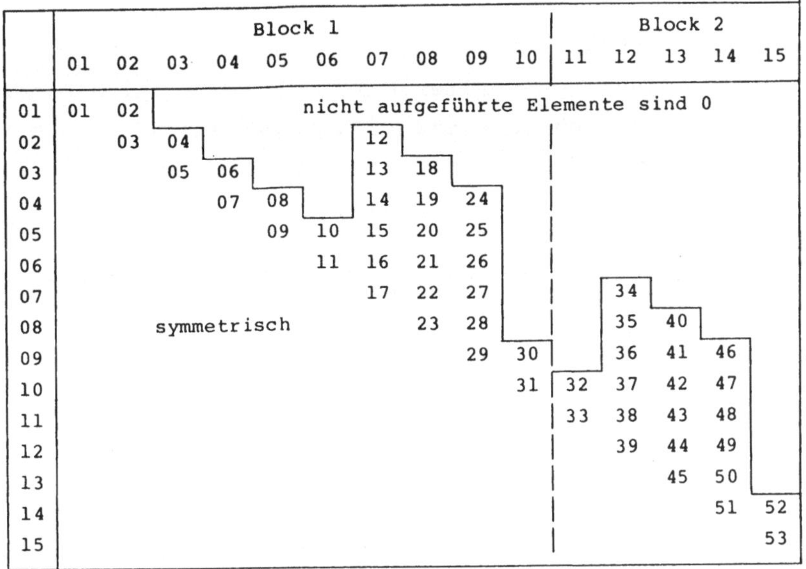

a) Koeffizientenmatrix **A**

01	02	03	04	05	06	07	08	09	10	11	12	13	14	15
XX	XX	XX	XX	XX	XX	XX	XX	XX	XX	XX	XX	XX	XX	XX
XX	XX	XX	XX	XX	XX	XX	XX	XX	XX	XX	XX	XX	XX	XX

b) Konstantenvektor **b**

Matrix-Block 1

01	02	03	04	05	06	07	08	09	10	11	12	13	14	15
16	17	18	19	20	21	22	23	24	25	26	27	28	29	30
31	XX	XX	XX	XX	01	03	05	07	09	11	17	23	29	31

|←————————— Diagonaladressen —————————→|

Matrix-Block 2

32	33	34	35	36	37	38	39	40	41	42	43	44	45	46
47	48	49	50	51	52	53	XX	XX	XX	XX	XX	XX	XX	XX
XX	XX	XX	XX	XX	XX	XX	XX	XX	XX	02	08	14	20	22

|←Diagonaladressen→|

c) Daten (Koeffizienten und Diagonaladressen)
der Matrix-Blöcke 1 und 2

Fig. 2.15

Schema der spaltenweisen Speicherung des Profils der oberen
Hälfte der Koeffizientenmatrix **A** und des Konstantenvektors **b**
beim beheizbaren Belag

und für die maximal in einem der Blöcke (hier Block 1) auftretende Anzahl von Spalten MAXC = 10. Die halbe Bandbreite
zuzüglich des Diagonalelements ist NBAND = NMV + 1 = 6.
Als notwendigen Speicherbedarf erhält man für die Hilfs-
dateien NORG bzw. NRED nach Gl. (2.31)

$$(SPBED)_{NORG} = (SPBED)_{NRED} = NBLOK * NSB = 2 * 45 = 90,$$

für die Hilfsdatei NPVT nach Gl. (2.37)

$$(SPBED)_{NPVT} = MAXC * NBLOK = 10 * 2 = 20 > NEQ.$$

Nach Auflösung des linearen Gleichungssystems unter Benut-
zung des Blockeliminationsverfahrens mit modifizierter
Dreieckszerlegung nach Crout sind die NEQ Komponenten des
Lösungsvektors ϑ in einem eindimensionalen Feld UHKN der
Länge NSB = LBLOK abgespeichert. Wie vorher bei der Numerie-
rung der Knoten erläutert, entspricht dem Knoten i,j,k der
Platz NRPL = m im eindimensionalen Feld UHKN bzw. der Kompo-
nente m des Lösungsvektors ϑ

$$m = i + (j-1) * NMV + (k-1) * NMV * NMH \qquad (2.38)$$

mit

$$1 \leq i \leq NMV, \quad 1 \leq j \leq NMH \quad \text{und} \quad 1 \leq k \leq NMT.$$

**Beispiel 2.3 – Lösungsvektor ϑ und seine Abspeicherung im
eindimensionalen Feld UHKN beim beheizbaren
Belag**

Die Auflösung des linearen Bandgleichungssystems $A\vartheta = b$ nach
<u>Fig. 2.13</u> ergibt die in <u>Fig. 2.16</u> aufgelisteten Komponenten
des Lösungsvektors ϑ. Die Art der Abspeicherung des Lösungsvektors im eindimensionalen Feld UHKN und die Zuordnung der
Knoten zu den Volumenelementen sind ebenfalls ersichtlich.

Knoten	Volumenelement	Feldelement	Inhalt
1	i=1, j=1, k=1	UHKN(1)	ϑ_{01} = -10,00 °C
2	i=2, j=1, k=1	UHKN(2)	ϑ_{02} = 12,56 °C
3	i=3, j=1, k=1	UHKN(3)	ϑ_{03} = 15,25 °C
4	i=4, j=1, k=1	UHKN(4)	ϑ_{04} = 9,70 °C
5	i=5, j=1, k=1	UHKN(5)	ϑ_{05} = -10,00 °C
6	i=1, j=2, k=1	UHKN(6)	ϑ_{06} = -10,00 °C
7	i=2, j=2, k=1	UHKN(7)	ϑ_{07} = 12,56 °C
8	i=3, j=2, k=1	UHKN(8)	ϑ_{08} = 15,25 °C
9	i=4, j=2, k=1	UHKN(9)	ϑ_{09} = 9,70 °C
10	i=5, j=2, k=1	UHKN(10)	ϑ_{10} = -10,00 °C
11	i=1, j=3, k=1	UHKN(11)	ϑ_{11} = -10,00 °C
12	i=2, j=3, k=1	UHKN(12)	ϑ_{12} = 12,56 °C
13	i=3, j=3, k=1	UHKN(13)	ϑ_{13} = 15,25 °C
14	i=4, j=3, k=1	UHKN(14)	ϑ_{14} = 9,70 °C
15	i=5, j=3, k=1	UHKN(15)	ϑ_{15} = -10,00 °C

Fig. 2.16

Lösungsvektor ϑ und Art seiner Abspeicherung im eindimensionalen Feld UHKN

Die 6 parallel zu den drei Koordinatenrichtungen von jedem
Knoten m eines Volumenelements i,j,k zu Nachbarknoten ver-
laufenden **Wärmeströme** $\dot{Q}_{p,m}$ erhält man unter Berücksichtigung
von Gl. (2.10), der Bezugsrichtung der Wärmeströme in Koordinatenrichtung entsprechend <u>Fig. 2.2</u>, der Knotentemperaturen nach <u>Fig. 2.1</u> und unter Beachtung von

$$\dot{Q}_{p,m} = G_{p,m}\, \Delta\vartheta \tag{2.39}$$

Danach ergibt sich für die Wärmeströme in x-Richtung:

$$
\begin{aligned}
i = 1 \;\; &: \; \dot{Q}_{o,m} = 0 \\
i > 1 \;\; &: \; \dot{Q}_{o,m} = G_{o,m}\,(\vartheta_o - \vartheta_m) = G_{o,m}\,(\vartheta_{m-1} - \vartheta_m) \\
i < \text{NMV} &: \; \dot{Q}_{u,m} = G_{u,m}\,(\vartheta_m - \vartheta_u) = G_{u,m}\,(\vartheta_m - \vartheta_{m+1}) \\
i = \text{NMV} &: \; \dot{Q}_{u,m} = 0
\end{aligned}
\tag{2.40}
$$

Entsprechend ergeben sich die Wärmeströme in y-Richtung zu:

$$
\begin{aligned}
j = 1 \;\; &: \; \dot{Q}_{l,m} = 0 \\
j > 1 \;\; &: \; \dot{Q}_{l,m} = G_{l,m}\,(\vartheta_l - \vartheta_m) = G_{l,m}\,(\vartheta_{m-\text{NMV}} - \vartheta_m) \\
j < \text{NMH} &: \; \dot{Q}_{r,m} = G_{r,m}\,(\vartheta_m - \vartheta_r) = G_{r,m}\,(\vartheta_m - \vartheta_{m+\text{NMV}}) \\
j = \text{NMH} &: \; \dot{Q}_{r,m} = 0
\end{aligned}
\tag{2.41}
$$

Und in z-Richtung betragen die Wärmeströme:

$$
\begin{aligned}
k = 1 \;\; &: \; \dot{Q}_{h,m} = 0 \\
k > 1 \;\; &: \; \dot{Q}_{h,m} = G_{h,m}\,(\vartheta_h - \vartheta_m) = G_{h,m}\,(\vartheta_{m-\text{NMV}*\text{NMH}} - \vartheta_m) \\
k < \text{NMT} &: \; \dot{Q}_{t,m} = G_{t,m}\,(\vartheta_m - \vartheta_t) = G_{t,m}\,(\vartheta_m - \vartheta_{m+\text{NMV}*\text{NMH}}) \\
k = \text{NMT} &: \; \dot{Q}_{t,m} = 0
\end{aligned}
\tag{2.42}
$$

Hierbei wurde entsprechend <u>Fig. 2.17</u> davon Gebrauch gemacht, daß bei Abspeicherung des Lösungsvektors ϑ in das Feld UHKN ein zu Knoten m **geometrisch existierender Nachbarknoten im eindimensionalen Feld UHKN**

in positiver (negativer) x-Richtung um (-)1,
in positiver (negativer) y-Richtung um (-)NMV und
in positiver (negativer) z-Richtung um (-)NMV*NMH

entfernt liegt, s. a. <u>Fig. 2.14 und 2.15</u>.

Beispiel 2.4 - Berechnung der von Null verschiedenen Wärme-
ströme der Knoten 1 bis 5 und der Oberflächen-
temperaturen beim beheizbaren Belag

$$\dot{Q}_{1,2} = \dot{Q}_{u,1} = \dot{Q}_{o,2} = G_{1,2} (\vartheta_1 - \vartheta_2)$$
$$= 9,7399 (-10,00 - 12,56) = -219,7 \text{ W}$$
$$\dot{Q}_{2,3} = \dot{Q}_{u,2} = \dot{Q}_{o,3} = G_{2,3} (\vartheta_2 - \vartheta_3)$$
$$= 81,433 (12,56 - 15,25) = -219,0 \text{ W}$$
$$\dot{Q}_{3,4} = \dot{Q}_{u,3} = \dot{Q}_{o,4} = G_{3,4} (\vartheta_3 - \vartheta_4)$$
$$= 14,449 (15,25 - 9,70) = 80,2 \text{ W}$$
$$\dot{Q}_{4,5} = \dot{Q}_{u,4} = \dot{Q}_{o,5} = G_{4,5} (\vartheta_4 - \vartheta_5)$$
$$= 4,0771 (9,70 + 10,00) = 80,3 \text{ W}$$

Probe:

$$\left| \dot{Q}_3 \right| = \left| \dot{Q}_{2,3} \right| + \left| \dot{Q}_{3,4} \right| = \left| \dot{Q}_{1,2} \right| + \left| \dot{Q}_{4,5} \right| = 219,7 + 80,3 = 300 \text{ W}$$

Die Wärmestromdichte an der oberen Oberfläche des beheizbaren Belages beträgt $\dot{q}_o = -219,7 \text{ W/m}^2$, an der unteren Oberfläche des beheizbaren Belages $\dot{q}_u = 80,3 \text{ W/m}^2$.

benachbartes Feldelement des Lösungsvektors	Nachbarknoten	Bedingung	Koordinatenrichtung
NRPL	ii,jj,kk	-	-
m-1	i-1,j,k	i > 1	x
m+1	i+1,j,k	i < NMV	x
m-NMV	i,j-1,k	j > 1	y
m+NMV	i,j+1,k	j < NMH	y
m-NMVH	i,j,k-1	k > 1	z
m+NMVH	i,j,k+1	k < NMT	z

NMVH = NMV * NMH

Fig. 2.17

Indizierung der zu Knoten m bzw. Volumenelement ii,jj,kk in den verschiedenen Koordinatenrichtungen geometrisch existierenden Nachbarknoten

Die Oberflächentemperatur an der Oberseite des Probekörpers
beträgt bei eindimensionaler Rechnung nach [24] und Berücksichtigung der Bezugsrichtung des Wärmestroms in Koordinatenrichtung

$$\vartheta_{O,o} = \vartheta_L - (1/\alpha_o)\, \dot{q}_o$$
$$= -10,00 - (1/10,70)(-219,7) = 10,53\ °C$$

Probe mit Teilwiderständen aus <u>Fig. 2.8</u>:

$$\vartheta_{O,o} = \vartheta_L - R_{\alpha,o}\, \dot{Q}_{1,2}$$
$$= -10,00 - 0,09346(-219,7) = 10,53\ °C$$

Die Oberflächentemperatur an der Unterseite der Betonplatte
ergibt sich aus

$$\vartheta_{O,u} - (1/\alpha_u)\, \dot{q}_u = \vartheta_L$$
$$\text{zu}\quad \vartheta_{O,u} = \vartheta_L + (1/\alpha_u)\, \dot{q}_u$$
$$= -10,00 + (1/5,5825)\, 80,3 = 4,38\ °C$$

Probe mit Teilwiderständen aus <u>Fig. 2.8</u>:

$$\text{Aus}\quad \vartheta_{O,u} - R_{\alpha,u}\, \dot{Q}_{4,5} = \vartheta_L \quad \text{folgt}$$
$$\vartheta_{O,u} = \vartheta_L + R_{\alpha,u}\, \dot{Q}_{4,5}$$
$$= -10,00 + 0,17913 \cdot 80,3 = 4,38\ °C$$

Durch Einführung entsprechend dünner Schichten an der Ober-
und Unterseite des Probekörpers nach <u>Fig. 2.7</u> hätten diese
Oberflächentemperaturen auch direkt errechnet werden können.

Es sei darauf hingewiesen, daß für den **Fall konstanter** (temperaturunabhängiger) **Kennwerte** viele für lineare Gleichstrom- und Wechselstromnetzwerke bekannte Lösungsverfahren, Vorgehensweisen, Theoreme und Sätze aufgrund der **thermoelektrischen Analogie** auch hier verwendet werden können bzw. gelten. Genannt seien das **Knotenpunktpotential-Verfahren** (das weitgehend der hier beschriebenen Methode der Gleichungsaufstellung entspricht), das Maschenstrom-Verfahren, das Superpositionsgesetz, die Helmholtzschen Theoreme von der Ersatzspannungs- bzw. der Ersatzstromquelle und die Kirchhoffschen Sätze [25]. Auch kann man mit der Methode der Netzumbildung jedes beliebige lineare Netzwerk auf wenige Widerstände und Knoten(punkte) reduzieren und dann berechnen. Bei elektrischen Analogrechnern, Netzmodellen zur Lösung der bei elektrischen Netzwerken auftretenden Probleme und dem elektrolytischen Trog wird grundsätzlich mit **normierten Größen** gearbeitet.

Da **lineare Netzwerke** nur lineare Widerstände enthalten, sind die Ströme (Wärmeströme) in jedem Widerstandszweig und auch insgesamt den Spannungen (Temperaturdifferenzen) proportional. Lineare Netzwerke können beliebig viele treibende Spannungen (Randtemperaturen) enthalten.

Nachfolgend seien einige praktische Sonderanwendungen für die bei linearen Netzwerken geltenden Gesetzmäßigkeiten und Verfahren erläutert:

a) Es sind nur zwei Randtemperaturen, z.B. ϑ_{La} und ϑ_{Li}, vorhanden. Wird dann ein beliebiger Widerstandszweig im Netzwerk betrachtet, so ist das Teilerverhältnis der Spannungen bzw. Widerstände, z.B. das Verhältnis des resultierenden Widerstandes zwischen einem speziell betrachteten Knoten(punkt) und einem Randtemperaturknoten-(punkt) zu dem resultierenden Widerstand zwischen den

beiden Randtemperaturknoten(punkten), konstant. Es gilt
also

$$(\vartheta - \vartheta_{La}) \, / \, (\vartheta_{Li} - \vartheta_{La}) = \text{const.}$$

Will man von bereits bekannten Temperaturen ϑ', ϑ'_{Li} und
ϑ'_{La} auf neue Temperaturen ϑ, ϑ_{Li} und ϑ_{La} umrechnen, be-
darf es bei ungeänderter Netzkonfiguration (inklusive der
Wärmeübergangswiderstände) keiner neuen Berechnung. Man
erhält dann die im betrachteten Knoten(punkt) gesuchte
Temperatur ϑ bei den neuen Randtemperaturen ϑ_{Li} und ϑ_{La}
über

$$\frac{\vartheta - \vartheta_{La}}{\vartheta_{Li} - \vartheta_{La}} = \frac{\vartheta' - \vartheta'_{La}}{\vartheta'_{Li} - \vartheta'_{La}}$$

zu

$$\vartheta = \vartheta_{La} + \frac{\vartheta' - \vartheta'_{La}}{\vartheta'_{Li} - \vartheta'_{La}} \, (\vartheta_{Li} - \vartheta_{La}) \qquad (2.43)$$

Auf die Anwendung dieses Prinzips bei Wärmebrücken im Holzbau wurde gerade in letzter Zeit hingewiesen [26]. Es wurde
experimentell für verschiedene Randtemperaturen an einem
Wandbauteil mit Wärmebrücke, jedoch ohne Lufthohlräume, be-
stätigt und ein graphisches Lösungsverfahren angegeben [27].

**Beispiel 2.5 - Umrechnung der Temperaturen am Flügelrahmen
eines Fensters**

An dem in Abschn. 3.3 beschriebenen und als Beispiel durchgerechneten Kunststoff-Fenster mit Stahlaussteifung wurde
unter den dortigen Randbedingungen (Überprüfung auf Tau-

wasserausfall) auf der Raumseite (Warmseite) am Flügelrahmen
- mittig über der Stahlaussteifung - die tiefste Oberflächentemperatur zu $\vartheta = 4,7\ °C$ berechnet. Welche Temperaturen
stellen sich am Flügelrahmen bei Außenlufttemperaturen von
$\vartheta_{La} = -10\ °C$ bzw. $\vartheta_{La} = -5\ °C$ ein?

Mit Gl. (2.43) erhält man

$$\vartheta = -10,0 + \frac{4,7\ -\ (-15,0)}{20,0\ -\ (-15,0)}\ (20,0\ -\ (-10,0))$$

$$= -10,0 + 0,5629 \cdot 30 = 6,9\ °C \quad \text{bei } \vartheta_{La} = -10\ °C \text{ bzw.}$$

$$\vartheta = -5,0 + 0,5629 \cdot 25 = 9,1\ °C \quad \text{bei } \vartheta_{La} = -5\ °C.$$

Eine Überprüfung mit dem hier beschriebenen Rechenverfahren
führte zum gleichen Ergebnis.

b) Bei gegebener Aufteilung des Bauteils in Volumenelemente
    sowie konstanten, gleichbleibenden Wärmeleitfähigkeiten
    und Wärmeübergangskoeffizienten sind die Wärmeströme im
    Netzwerk nur von der (den) Temperaturdifferenz(en) ab-
    hängig.

**Beispiel 2.6 - Wärmeströme bei gegebener Randtemperatur-
                differenz**

Eine Außenlufttemperatur von $\vartheta_{La} = -15,0\ °C$ und eine Raum-
lufttemperatur von $\vartheta_{Li} = 20,0\ °C$ ergeben bei gleichbleiben-
den Kennwerten die gleiche Wärmestromverteilung im Bauteil
wie $\vartheta_{La} = 0\ °C$ und $\vartheta_{Li} = 35,0\ °C$. Werden alle Randtempera-
turdifferenzen, bezogen auf die niedrigste Randtemperatur,
im gleichen Sinne prozentual vergrößert oder verkleinert,
ändern sich alle Wärmeströme mit dem gleichen Prozentsatz.

c) Bei nicht bekanntem Wärmestrom zwischen zwei benachbarten Knoten(punkten) kann die Grenzschichttemperatur ϑ_0
berechnet werden, s. Beispiel 2.4.

Mit

$$\frac{\vartheta_0 - \vartheta_1}{\vartheta_2 - \vartheta_1} = \frac{R_1}{R_1 + R_2} \qquad (2.44)$$

erhält man für den Fall Volumenelement 1 mit Wärmeübergang / Volumenelement 2 mit reiner Wärmeleitung entsprechend den Gl. (2.17) bis (2.19)

$$\vartheta_0 = \vartheta_1 + \frac{1/\alpha_1}{1/\alpha_1 + s_2/\lambda_2} (\vartheta_2 - \vartheta_1) \qquad (2.45)$$

bzw. für den Fall beider Volumenelemente mit reiner
Wärmeleitung unter Beachtung der Gl. (2.14) bis (2.16)

$$\vartheta_0 = \vartheta_1 + \frac{s_1/\lambda_1}{s_1/\lambda_1 + s_2/\lambda_2} (\vartheta_2 - \vartheta_1) \qquad (2.46)$$

**Beispiel 2.7 - Oberflächentemperatur an der Oberseite des
beheizbaren Belages**

Gegeben:

$\vartheta_1 = -10,0 \quad °C, \quad \alpha_1 = 10,7 \ W/(m^2 K),$
$\vartheta_2 = 12,56 \ °C, \quad \lambda_2 = 0,814 \ W/(mK), \quad s_2 = 0,5\Delta x_2 = 0,0075 \ m$

Gleichung (2.45) ergibt:

$$\vartheta_O = -10{,}0 + \frac{1/10{,}7}{1/10{,}7 + 0{,}0075/0{,}814}\,(12{,}56 - (-10{,}0))$$

$$\vartheta_O = 10{,}53 \; °C$$

d) Auch der Fall einer Wärmestromeinspeisung bei in anderen Knoten(punkten) gegebenen Randtemperaturen kann damit behandelt werden.

Beispiel 2.8 – Änderung der Randtemperaturen ϑ_1 bzw. ϑ_5 bzw. der Größe der Wärmestromeinspeisung bei dem beheizbaren Belag nach Fig. 2.7

Bei Verkleinerung der Außenlufttemperatur von $\vartheta_{La} = \vartheta_a = -10\ °C$ auf $\vartheta_{La} = -15\ °C$ wird nur das gesamte Temperaturniveau um 5 K abgesenkt, so daß sich beispielsweise für die Knoten 3, 8 und 13 jetzt $\vartheta = 10{,}25\ °C$ ergibt. Erhöht man hingegen in den Knoten 3, 8 und 13 den jeweils eingespeisten Wärmestrom $\dot{Q} = 300\ W$ um 20 %, so ergeben sich gegenüber der Randtemperatur entsprechend um 20 % höhere Temperaturabfälle in den Teilwiderständen, somit z.B. in Knoten 3 eine Temperatur von

$$\begin{aligned}\vartheta_3 &= (15{,}25 - (-10{,}0)) \cdot 1{,}2 + (-10{,}0)\\ &= 30{,}3 - 10{,}0 = 20{,}3\ °C\end{aligned}$$

Dies folgt aus dem Superpositionsprinzip, nach dem sich die von den einzelnen Stromkomponenten erzeugten Spannungs- bzw. Temperaturabfälle ebenfalls überlagern lassen. Auch der Fall einer einseitigen Erhöhung der Außenlufttemperatur auf der Unterseite der Betonplatte wäre hiermit leicht lösbar, soll hier aber nicht weiter ausgeführt werden.

Zur **Berücksichtigung einer funktionalen Abhängigkeit der
Wärmeleitfähigkeit** λ **von der Temperatur** ϑ wird bei allen
NKNT = NMGES - NKNU = NEQ - NKNU Volumenelementen mit un-
bekannter Knotentemperatur bei der **ersten** Aufstellung des
Gleichungssystems die Wärmeleitfähigkeit in Abhängigkeit
einer mittleren Randtemperatur

$$\vartheta_{kn,m} = (1/NKNU) \sum_{i=1}^{NKNU} \vartheta_{kn,i} \qquad (2.47)$$

bestimmt, wobei NKNU die Anzahl der Knoten mit vorgegebener
Randtemperatur $\vartheta_{kn,i} = C_i$ ist. Jetzt wird das Gleichungssystem zum ersten Mal aufgelöst. Das Ergebnis ist eine erste
Temperaturverteilung in dem Bauteil, mit der bei der zweiten
Aufstellung des Gleichungssystems volumenelementweise wieder
neue Wärmeleitfähigkeiten interpoliert werden können, usw.
Nach n = NMAXIT * NRFVT Gleichungsauflösungen (in der Regel
n=3 oder n=4) ändert sich die Temperaturverteilung im Bauteil nicht mehr, dann gilt für jeden Knoten i

$$\Delta\vartheta = \max_{i} \left| \vartheta_i^{(n)} - \vartheta_i^{(n-1)} \right| \leqq EPS \qquad (2.48)$$

Das heißt, bei Unterschreiten einer vorgegebenen, maximalen
Schranke EPS für die Knotentemperaturdifferenz $\Delta\vartheta$ von Iterationsschritt zu Iterationsschritt wird die erhaltene Temperaturverteilung im Bauteil als endgültig angesehen. NRFVT
ist dabei die Anzahl der Iterationsblöcke mit Zwischenausdruck der Ergebnisse zu jeweils NMAXIT Iterationen ohne
Zwischenausdruck der Ergebnisse. Wird mit NRFVT = 1 und
NMAXIT = 4 die Rechnung gestartet, so erfolgt die Ausgabe
der Resultate erst dann, wenn Gl. (2.48) erfüllt ist, spä-
testens jedoch nach 4 Iterationen.

2.3 Rechengang

Im Hauptprogramm erfolgt zuerst eine Zuordnung von logischen
Geräte-Nummern an die **Dateien**

NDAT   zur Speicherung der Daten,
SUHKNF   zur Speicherung des Lösungsvektors ϑ zur späteren
          Weiterverarbeitung der Knotentemperaturen mit Folge-
          programmen, z.B. zum Zeichnen von Isothermen,
NORG   zur Speicherung der Koeffizientenmatrix **A**,
NRED   zur Speicherung der reduzierten Koeffizientenmatrix,
NPVT   zur Speicherung der Pivot-Blöcke

und an das **Ausgabemedium**

NAM   Schnelldrucker bzw. Sichtgerät.

Dann wird **SUBROUTINE DATAPR** aufgerufen, die die Daten von der
Datei NDAT (z.B. auf dem Plattenspeicher) mit Hilfe von **SUB-
ROUTINE RECALL** formatfrei liest, auf formale Richtigkeit
überprüft und in Form eines erweiterten Kontrollausdruckes
auf dem Ausgabemedium protokolliert. Im einzelnen handelt es
sich um folgende Daten:

- Steuerparameter und Problemkennwerte,
- Ausgabekonfigurationen,
- Längenkonfigurationen,
- Funktionen,
- Maschenkonfigurationen, d.h. die Zuordnung der
  Volumenelemente zu den Funktionen.

Bei Vorgabe von funktionalen Abhängigkeiten wie $\lambda = f(\vartheta)$ oder
$1/\Lambda = f(s)$ werden jeweils nach dem Einlesen der Funktions-
wertepaare die sog. Spline-Koeffizienten mit Hilfe von **SUB-
ROUTINE SPLIKO** für die spätere Interpolation mit **SUBROUTINE
SPLINE** bei der Gleichungsaufstellung berechnet, s.Abschn.2.1.

Danach werden die im folgenden unter a) bis c) aufgeführten
Unterprogramme GLAUF, GLOES und RESULT (bei Vorgabe von
Wärmeleitfähigkeiten als Funktion der Temperatur bis zur Er-
füllung von Gl. (2.48) mehrmals) aufgerufen:

a) Zunächst werden in **SUBROUTINE GLAUF** die Koeffizientenmatrix **A** und der Konstantenvektor **b** des Gleichungssystems
   Aϑ = b aufgestellt. Um einen Abbruch der Gleichungsaufstellung infolge nicht mehr definierter Kennlinien zu
   vermeiden, werden die Funktionen nicht extrapoliert, son-
   dern die jeweiligen Extremwerte von λ =f(ϑ) bzw. $1/\Lambda$ =f(s)
   bei der Berechnung der "Leitwerte" G nach Gl. (2.10) un-
   ter Aufruf von **SUBROUTINE G** und **SUBROUTINE WIDER** benutzt.
   Dies wird nach der Gleichungsaufstellung durch Ausgabe von
   EXTRAP = .TRUE. angezeigt. Bei Vorgabe von Wärmedurchlaßwiderständen $1/\Lambda$ als Funktion der Schichtdicke s werden
   für jedes betrachtete Hohlraum-Volumenelement die Weglängen im Hohlraum in allen gewünschten Koordinatenrichtungen – auch über mehrere Volumenelemente hinweg – mit
   SUBROUTINE SUCHS ermittelt, so daß $\lambda_{\ddot{a}q}$ entsprechend
   Gl. (2.21) berechnet werden kann.

b) In **SUBROUTINE GLOES** wird unter Aufruf von **SUBROUTINE
   OPTBLK** das lineare Gleichungssystem (symmetrisch, positiv
   definit, bandförmig) aufgelöst und die maximale Knotentemperaturdifferenz $\Delta\vartheta$ nach Gl. (2.48) ermittelt.

c) In **SUBROUTINE RESULT** werden in vorgegebenen (Teil)berei-
   chen der Konstruktion hinsichtlich der Abmessungen normierte Rasteraufteilungen mit Zuordnung der Baustoffe und
   Knotentemperaturen ebenenweise ausgegeben bzw. die errechneten Werte (Knotentemperaturen ϑ, Wärmeströme $\dot{Q}_{p,m}$
   nach den Gl. (2.40) bis (2.42), aufsummierte Wärmeströme,
   "Leitwerte" G zwischen den Knoten nach Gl. (2.10)) tabel-
   liert.

2.4 Dateneingabe und Ausgabe

Bevor man einen Datensatz für ein Anwendungsbeispiel (Datenblock) aufstellen kann, muß man das Bauteil zunächst unter
Ausnutzung möglicher Symmetrien und Beachtung der Programm-
grenzen in quaderförmige Volumenelemente mit durchgehenden
Schichten entsprechend <u>Fig. 2.3</u> aufteilen. Man zerlegt dazu
die Konstruktion senkrecht zu jeder erforderlichen Koordinatenrichtung in parallele Schichten.

Hinsichtlich der **Feinheit der Schichten** ist zu beachten, daß
Bereiche mit großen Temperaturabfällen (Temperaturgradienten)
entsprechend fein unterteilt werden müssen. Dies gilt auch
meist für die Grenzzonen zwischen Gebieten sehr unterschiedlicher Wärmeleitfähigkeiten (z.B. Stahl/Polystyrol(PS)-Hart-
schaum). Ist man sich über die dabei gemachten systematischen
Fehler nicht klar, muß man die Rechnung mehrmals mit unterschiedlich feiner Unterteilung wiederholen. Da dies im dreidimensionalen Fall außerordentlich aufwendig ist, wird man
in der Regel in Bereichen großer Temperaturgradienten gleich
mit einer möglichst feinen Unterteilung beginnen und dabei
die vorhandene Rechenkapazität des Rechners voll ausschöpfen.
Der Übergang von feinen zu groben Schichten sollte konti-
nuierlich, z.B. mit den Dickenabstufungen 1 2 2 5 10 10
20 50 100 100 200 500 usw., erfolgen.

Zur **Bestimmung der Oberflächentemperaturen von Volumen-
elementgrenzflächen** müssen, da die Knoten im Volumenelementschwerpunkt liegen, zusätzliche dünne Schichten bei Wärme-
leitungselementen eingeführt werden. Die Schichtdicke der
dünnen Schichten sollte s = 0,0001 m (0,1 mm) betragen. Zu
beachten ist, daß sich dabei die Gesamtabmessungen nicht
ändern.

Die **Zuordnung der Funktionen zu den Volumenelementen** ist
unter Beachtung der folgenden Punkte vorzunehmen:

a) Jedem Wärmeübergangselement (KZT=3) muß eine Randtemperatur zugeordnet werden.

b) Für Knoten mit Wärmestromeinspeisung darf keine Randtemperatur vorgegeben werden (und umgekehrt).

c) Allen NMGES = NMV * NMH * NMT Volumenelementen des Gebiets muß eine Wärmeleitfähigkeit, ein Wärmedurchlaßwiderstand oder ein Wärmeübergangskoeffizient zugeordnet werden.

Zur **Kontrolle der Funktionszuordnungen** legt man Teilbereiche, die der gleichen Funktion zugeordnet sind, nach Ausdrucken der normierten Rasteraufteilung mit gleichen Farben an. Hierzu kann man sich jede gewünschte Schnittebene innerhalb des Bauteils auf dem Schnelldrucker ausgeben lassen. Dann ist auch die Kontrolle der Gesamtdicken der Teilbereiche relativ einfach.

Zur **Kontrolle eventueller Eingabe- oder Rundungsfehler** empfiehlt es sich, die dem Bauteil zufließenden und vom Bauteil abfließenden Wärmeströme getrennt aufzusummieren. Im stationären Fall müssen diese Summenwärmeströme betragsmäßig gleich groß sein. Ist dies nicht der Fall und handelt es sich nicht um einen Fehler bei der Dateneingabe für die Aufsummierung, ist u.U. die Gleichungsaufstellung und die Gleichungsauflösung mit doppelter Genauigkeit vorzunehmen.

Zur **Überprüfung der Richtigkeit der Ergebnisse** können in vielen Fällen auch eindimensionale Überschlagsrechnungen benutzt werden. Speziell bei der Berechnung der Wärmeverluste und der Oberflächentemperaturen bei Wärmebrücken ergeben eindimensionale Rechnungen meist günstigere Werte. Auch Vergleiche mit Ergebnissen ähnlicher Bauteile sind hilfreich.

Art und Reihenfolge der Eingabedaten sowie der **Daten zur Steuerung der Ausgabe** sind dem Kommentar am Anfang des Programms in Abschn. 5 zu entnehmen. Die Eingabedaten sowie die gesamte Computerausgabe zu den vier Anwendungsbeispielen nach Abschn. 3 sind aus Abschn. 6 vollständig zu ersehen. Die Eingabe erfolgt formatfrei. Dabei wird vorausgesetzt, daß die Daten in der Datei NDAT stehen. Die Dateneingabe muß blockweise erfolgen, wobei ein Datenblock jeweils einen vollständigen Datensatz für eine Rechnung umfaßt. Der erste Datenblock muß in den ersten zwei Spalten einer gesonderten Zeile mit

/*

beginnen. Es können mehrere Datenblöcke hintereinander stehen, die durch

/*

am Beginn einer gesonderten Zeile zu trennen und am Ende aller Datenblöcke mit

/*

/*

-jeweils am Zeilenbeginn zweier aufeinanderfolgender Zeilen-abzuschließen sind. Da die SUBROUTINE RECALL, das Unterprogramm zum formatfreien Einlesen der Daten, die Daten entsprechend der in SUBROUTINE DATAPR vorgegebenen Reihenfolge als INTEGER-Größen, REAL-Größen oder Texte, die zwischen '(' und ')' einzuschließen sind, erwartet, werden fehlende oder überzählige Daten sofort erkannt. Bei zu vielen oder zu wenigen Daten wird der fehlerhafte Block überlesen.

Entsprechend dem Kommentar zu Beginn des Programms (siehe Abschn. 5) sind nach Punkt 5 **drei Arten von Ausgaben** steuerbar:

a) Eine ebenenweise **geometrische** Ausgabe einer hinsichtlich der Abmessungen normierten Rasteraufteilung mit Zuordnung der Baustoffe (A entspricht Funktions-Nr. 1, B entspricht Funktions-Nr. 2, usw., s. ausgedruckte Funktionsliste) und Knotentemperaturen bei

$$KZG = 1 \quad \text{(wenn keine Ausgabe erwünscht,}$$
$$KZG = 0 \text{ vorgeben),}$$

b) eine **tabellarische** Auflistung von Wärmeströmen, Knotentemperaturen und "Leitwerten" (letzteres nur bei NR des Problems < 0) bei

$$KZT = 1 \quad \text{(wenn keine Ausgabe erwünscht,}$$
$$KZT = 0 \text{ vorgeben) und}$$

c) eine **gruppenweise** Ausgabe von aufsummierten Wärmeströmen bei

$$KZS = n \quad (n = 0, \text{ keine Aufsummierung}$$
$$n = 1, \text{ Gruppe } 1$$
$$n = 2, \text{ Gruppe } 2$$
$$\cdot$$
$$\cdot$$
$$n = 20, \text{ Gruppe } 20)$$

Hierbei erhalten Teilbereiche, die bei der Ausgabe unter der Gruppen-Nr. n zusammengefaßt werden sollen, alle die gleiche Nummer n. Die Aufsummierung wird dann für die sechs am Volumenelement vorhandenen Wärmeströme getrennt vorgenommen. Gleichzeitig erfolgt eine Aufsummierung der Absolutwerte aller Wärmeströme, falls der vorgegebene Bereich Volumenelemente mit Wärmeübergang umfaßt.

Bei allen drei Ausgabearten wird die Spezifizierung der Ausgabeebenen, der Reihenfolge der Tabellierung und der Reihenfolge der Aufsummierung entsprechend Punkt 1 der Anmerkungen des Kommentars am Anfang des Hauptprogramms vorgenommen.

Hierfür müssen die INTEGER-Größen PL1, PL2 und PL3 und die
den ursprünglichen Koordinatenrichtungen entsprechenden
Indexbereiche festgelegt werden.

**Beispiel 2.9 - Dateneingabe zur (geometrischen) Ausgabe
normierter Rasteraufteilungen beim beheizbaren Belag nach Fig. 2.7**

Zur geometrisch normierten Ausgabe der gesamten Rasteraufteilung (auch Teilbereiche sind möglich) sind zwei beliebige
Koordinatenrichtungen der Papiervorschubrichtung (von oben
nach unten) und der Richtung quer dazu (von links nach
rechts) in der Papierebene zuzuordnen. Soll beispielsweise
in Papiervorschubrichtung die y-Richtung verlaufen, ergibt
sich PL1 = 2 (1=x, 2=y, 3=z) und unter Beachtung von NMH = 3
für den Indexbereich 1 bis 3. Soll dann die x-Richtung quer
zur Papiervorschubrichtung verlaufen, ist PL2 = 1 und unter
Beachtung von NMV = 5 der Indexbereich 1 bis 5 zu setzen.
Als Parameter der ebenenweise geometrischen Ausgabe erhält
man damit z. Die z-Richtung verläuft dabei senkrecht zur Papierebene von oben nach unten. Hiermit ist PL3 = 3. Der
Indexbereich in z-Richtung läuft wegen NMT = 1 von 1 bis 1
(eine Schicht). Dann lautet die Ausgabekonfiguration:

PL1	I1	I2	PL2	I1	I2	PL3	I1	I2	KZG	KZT	KZS
2	1	3	1	1	5	3	1	1	1	0	0

Hätte der beheizbare Belag entsprechend <u>Fig. 2.7</u> auf der
Papierebene ausgegeben werden sollen, hätte die Konfiguration für die geometrische Ausgabe wie folgt lauten müssen:

PL1	I1	I2	PL2	I1	I2	PL3	I1	I2	KZG	KZT	KZS
1	1	5	2	1	3	3	1	1	1	0	0

**Beispiel 2.10 - Dateneingabe zur tabellarischen Ausgabe
aller Wärmeströme, Knotentemperaturen und
"Leitwerte" G beim beheizbaren Belag**

Entsprechend Beispiel 2.9 muß die Ausgabekonfiguration wie
folgt lauten (NR<0 für die Ausgabe der "Leitwerte" G):

PL1	I1	I2	PL2	I1	I2	PL3	I1	I2	KZG	KZT	KZS
1	1	5	2	1	3	3	1	1	0	1	0

**Beispiel 2.11 - Dateneingabe für die Aufsummierung der
Wärmeströme beim beheizbaren Belag**

Die drei Ausgabekonfigurationen für die zeilenweise Aufsummierung der Wärmeströme in der Wärmeübergangsschicht an der
Oberseite (i=1), in der Wärmestromeinspeisungsschicht (i=3)
und in der Wärmeübergangsschicht an der Unterseite (i=5)
müssen lauten:

PL1	I1	I2	PL2	I1	I2	PL3	I1	I2	KZG	KZT	KZS
1	1	1	2	1	3	3	1	1	0	0	1
1	3	3	2	1	3	3	1	1	0	0	2
1	5	5	2	1	3	3	1	1	0	0	3

Als Ergebnis erhält man für die drei Aufsummierungsbereiche:

$$S\text{-}NR = 1 \qquad \Sigma\, \dot{Q}_{x,u} = -659{,}0883 \text{ W}$$
$$\Sigma| \dot{Q} |_{\alpha,u} = 659{,}0883 \text{ W}$$

$$S\text{-}NR = 2 \qquad \Sigma\, \dot{Q}_{x,o} = -659{,}0887 \text{ W}$$
$$\Sigma\, \dot{Q}_{x,u} = 240{,}9111 \text{ W}$$

$$S\text{-}NR = 3 \qquad \Sigma\, \dot{Q}_{x,o} = 240{,}9111 \text{ W}$$
$$\Sigma| \dot{Q} |_{\alpha,o} = 240{,}9111 \text{ W}$$

Das Ergebnis bedeutet, daß zur Oberseite des Probekörpers
entgegen der x-Richtung ein Wärmestrom von 659,0883 W
fließt, zur Betonunterseite in x-Richtung ein Wärmestrom
von 240,9111 W. In der Wärmestromeinspeisungsschicht wird
insgesamt ein Wärmestrom von 3 · 300 W = 900 W eingespeist,
so daß in dieser Schicht sowohl in positiver als auch in
negativer x-Richtung Wärmeströme fließen.

Die **Eingabe der Schichtdicken** für die entsprechend Fig. 2.3
in x-, y- und z-Richtung durchgehenden Schichten erfolgt
nacheinander in x-, y- und z-Richtung in der Form
- Schichtdicke, Maschenanfangsindex, Maschenschrittweite,
Maschenendindex - über Laufanweisungen für die Indizes (im
Hauptprogramm als Längenkonfigurationen bezeichnet).

**Beispiel 2.12 - Eingabe der Schichtdicken für die durchge-
henden Schichten über Laufanweisungen beim
beheizbaren Belag nach Fig. 2.7**

Über eine Laufanweisung soll in x-Richtung

den Schichten i=1 und i=5 die Schichtdicke LX = Δx = 1,0   m,
der Schicht   i=2   die Schichtdicke LX = Δx = 0,015 m,
der Schicht   i=3   die Schichtdicke LX = Δx = 0,005 m,
der Schicht   i=4   die Schichtdicke LX = Δx = 0,2   m

zugeordnet werden. Es ergeben sich also 4 Konfigurationen:

LX	IMUV	DIMV	IMOV
1.0	1	4	5
0.015	2	2	2
0.005	3	3	3
0.2	4	4	4

Ebenso soll über eine Laufanweisung in y-Richtung
den Schichten j=1 bis j=3 die Schichtdicke LY = Δy = 1,0   m
zugeordnet werden:

LY	JMUH	DJMH	JMOH
1.0	1	1	3

Alle Volumenelemente haben die Tiefe LZ = Δz = 1,0 m, d.h.

LZ	KMUT	DKMT	KMOT
1.0	1	1	1

Vor jeder Konfigurationsgruppe muß die Anzahl der Konfigurationen als INTEGER-Größe stehen, also in x-Richtung 4, in
y-Richtung 1 und in z-Richtung 1. Bei der Ausgabe erscheinen
die Schichtdicken (als Längenraster) folgendermaßen:

MASCHEN-NR	DX IN M	DY IN M	DZ IN M
1	1.00000	1.00000	1.00000
2	0.01500	1.00000	
3	0.00500	1.00000	
4	0.20000		
5	1.00000		

Bei der **Vorgabe der Funktionen**

- Wärmeleitfähigkeit als Funktion der Knotentemperatur
  und
- Wärmedurchlaßwiderstand als Funktion der Schichtdicke

ist zu beachten, daß die n Funktionswerte an diskreten Stellen in der Form von n Wertepaaren

$$(x_1,\ f(x_1)),\ (x_2,\ f(x_2)),\ \cdots,\ (x_n,\ f(x_n))$$

und unter Beachtung von $x_{i+1} > x_i$, also mit steigenden
x-Werten, einzugeben sind. Eine Äquidistanz hinsichtlich x
ist nicht erforderlich. **Konstante Kennwerte** werden als ein
Wertepaar, z.B. (Dummy, Wärmeleitfähigkeit), vorgegeben.
Die Art der Funktion wird durch die Kennziffer KZT bestimmt
(z.B. KZT = 4 für eine Wärmeleitfähigkeit).

Die **Zuordnung der Funktionen bzw. Kennwerte zu den Volumen-
elementbereichen** erfolgt wiederum über Index-Laufanweisungen
in x-, y- und z-Richtung durch die entsprechenden Indizes
i, j, k in der Form

    NRM   IMUV   DIMV   IMOV   JMUH   DJMH   JMOH   KMUT   DKMT   KMOT

Bei Wärmeübertragungsfunktionen (Wärmedurchlaßwiderstand $1/\Lambda$
als Funktion der Schichtdicke s bzw. Wärmeübergangskoeffizient α) ist die **Vorgabe der Richtung,** in **der** die **Wärmeübertragung** erfolgen soll, erforderlich. Es sind bis zu drei
Richtungen möglich. Die Richtungsvorgabe erfolgt dadurch,
daß die entsprechende Indexgruppe, die der Koordinatenrichtung zugeordnet ist, negativ vorgegeben wird. Es ist ausreichend, nur einen Index der entsprechenden Indexgruppe
negativ vorzugeben. Es kann auch ein Wärmeübertragungsvor-
gang durch Vorgabe einer Wärmeleitfähigkeit (KZT=4) in nur
einer Richtung simuliert werden. Dann darf jedoch bei der
Funktionszuordnung nur höchstens eine Indexgruppe negativ
vorgegeben werden.

**Beispiel 2.13 - Dateneingabe für die Zuordnung der Funk-
                    tionen zu den Volumenelementen beim beheiz-
                    baren Belag**

Im **Fall eines Wärmeübergangs** an der Oberseite des Probekörpers (Funktion 1, KZT = 3, $\alpha = 10{,}7\ W/(m^2 K)$) lautet die

Konfiguration für die Zuordnung der Funktion (Maschenkonfiguration), s. __Fig. 2.7__:

NRM	IMUV	DIMV	IMOV	JMUH	DJMH	JMOH	KMUT	DKMT	KMOT
1	-1	-1	-1	1	1	3	1	1	1

Für die **reinen Wärmeleitungs**vorgänge in den Materialien Gießharzbeton (Funktion 2, KZT = 4, λ = 0,8141 W/(mK)) und Beton (Funktion 3, KZT = 4, λ = 1,512 W/(mK)) lauten die Maschenkonfigurationen:

NRM	IMUV	DIMV	IMOV	JMUH	DJMH	JMOH	KMUT	DKMT	KMOT
2	2	1	3	1	1	3	1	1	1
3	4	4	4	1	1	3	1	1	1

Für die **Randtemperaturen** (Funktion 5, KZT = 2, ϑ = -10 °C) an der Ober- und Unterseite des Probekörpers lautet die Maschenkonfiguration:

NRM	IMUV	DIMV	IMOV	JMUH	DJMH	JMOH	KMUT	DKMT	KMOT
5	1	4	5	1	1	3	1	1	1

Entsprechend wird die Zuordnung der **Wärmestromeinspeisungen** (Funktion 6, KZT = 1, $\dot{Q}$ = 300 W) vorgenommen.

Die Maschenkonfigurationen werden vor der Ausgabe nach Kennziffern KZT für die Art der Funktion (übergeordnetes Sortierkriterium) und bei gleichem KZT nach Funktionsnummern NRM sortiert.

Weitere **Einzelheiten der Dateneingabe** und die zu beachtenden **Programmbeschränkungen** entnehme man dem Kommentar **zu Beginn des Hauptprogramms** in Abschn. 5. Ansonsten sei auf die Erläuterungen zu den durchgerechneten Anwendungsbeispielen in Abschn. 3 und die zugehörigen Datensätze und Computerausdrucke in Abschn. 6 hingewiesen.

3   **Anwendungsbeispiele**

Auf Anwendungsmöglichkeiten für das in Abschn. 2 beschriebe-
ne und in Abschn. 5 vollständig aufgelistete Rechenprogramm
wurde bereits im Vorwort und in Abschn. 1 hingewiesen.
Anwendungen des Rechenprogramms sind an mehreren Stellen
veröffentlicht, nämlich Berechnungen

- zur Beurteilung des Wärmeschutzes von Fenstern und zum
  wärmeschutztechnischen Verhalten des Anschlußbereichs
  Fenster-Wand [28-30, 41, 42],
- zu Wärmebrückenproblemen bei Wand- und Dachkonstruktionen
  [31-33, 40] und
- zur Abschätzung der Temperaturverteilung [34] und der
  Wärmeverluste dreischaliger Schornsteine unter stationären
  Randbedingungen [35].

Zur Darstellung der Möglichkeiten des Rechenprogramms, als
Muster für das Aufstellen neuer Datensätze und zur Erläute-
rung des Rechengangs werden hier folgende Anwendungsbeispiele erläutert bzw. sind in Abschn. 6 beigefügt:

- Beheizbarer Belag
  (Vorgabe von Wärmestromeinspeisungen, Demonstration der
  Dateneingabe und der verschiedenen Ausgabemöglichkeiten),

- Wand aus Schalenbausteinen
  (Zerlegung einer komplizierten Baukonstruktion im dreidimensionalen Fall, Aufsummierung von Wärmeströmen),

- Kunststoff-Fenster mit Stahlaussteifung
  (Behandlung von Lufthohlräumen) und

- dreischaliger Hausschornstein
  (Temperaturabhängigkeit der Wärmeleitfähigkeiten).

3.1 Beheizbarer Belag

Der beheizbare Belag mit Kennwerten und einer Elementaufteilung nach **Fig. 2.7** und einem Lösungsvektor nach **Fig. 2.16**
wurde bereits ausführlich in Abschn. 2 behandelt. In verschiedenen Beispielen wurden folgende Themen angesprochen:

Beispiel   Behandeltes Thema

2.1   Problemstellung und Aufstellung des
          Gleichungssystems
2.2   Profilspeicherung der Koeffizientenmatrix
2.3   Lösungsvektor ϑ und seine Abspeicherung
2.4   Berechnung der Wärmeströme und Oberflächen-
          temperaturen
2.7   Berechnung der Grenzflächen- und Oberflächen-
          temperaturen ohne Kenntnis der Wärmeströme
2.9   Dateneingabe zur (geometrischen) Ausgabe
          normierter Rasteraufteilungen
2.10   Dateneingabe zur (tabellarischen) Ausgabe der
          Wärmeströme, Knotentemperaturen und "Leitwerte" G
2.11   Dateneingabe für die Aufsummierung der Wärme-
          ströme und ihre Ausgabe
2.12   Eingabe der Schichtdicken
2.13   Dateneingabe für die Zuordnung der Funktionen
          zu den Volumenelementen

Der beheizbare Belag sollte als grundlegendes Beispiel zur
Demonstration der Dateneingabe- und Ausgabemöglichkeiten des
Rechenprogramms angesehen werden. Außer Wärmestromeinspeisungen und Randtemperaturen werden nur konstante Wärmeleitfähigkeiten und Wärmeübergangskoeffizienten behandelt.

Für das 5*3*1-Modell beträgt die CPU-Zeit der gesamten Rechnung auf der VAX 11/780 2,0 s.

3.2 Wand aus Schalenbausteinen

Am Beispiel einer Wandkonstruktion (Wanddicke 0,300 m) aus
Schalenbausteinen sei die Berechnung des mittleren Wärmedurchgangskoeffizienten k bzw. des mittleren Wärmedurchlaßwiderstandes $1/\Lambda$ erläutert. Das Anwendungsbeispiel diene als
Muster für die Zerlegung einer komplizierten Baukonstruktion
im dreidimensionalen Fall und die Aufsummierung von Wärmeströmen.

Die Schalenbausteine haben eine integrierte, durchgehende
Wärmedämmung (Körper aus Polystyrol(PS)-Hartschaum,
$\lambda = 0,035$ W/(mK)) und getrennte äußere Leichtbetonschalen
(Rohdichteklasse 1000 kg/m^3, $\lambda = 0,36$ W/(mK)). Sie werden
geschoßhoch ohne Vermörtelung der Stoß- und Lagerfugen ver-
setzt (mittiger Verband, d.h. Stoßfugen um 1/2 Steinlänge
gegeneinander versetzt). Der Betonverguß erfolgt geschoß-
weise mit Normalbeton nach DIN 1045 ($\lambda = 2,1$ W/(mK)).
Fig. 3.1 zeigt die Ansicht eines Schalenbausteins ohne
Betonkern, Fig. 3.2 die Seitenansichten des durchgehenden
Körpers aus Polystyrol(PS)-Hartschaum und Fig. 3.3 die
Schnittdarstellung des Schalenbausteins. Eine formschlüssi-
ge, verwindungssteife Verbindung zwischen dem Leichtbeton
und dem Polystyrol(PS)-Hartschaum wird über die Verzahnung
erreicht, s. Fig. 3.2. Für die vorliegende Wandkonstruktion
ist es unter Berücksichtigung des mittigen Verbandes ausreichend, einen dreidimensionalen Ausschnitt entsprechend
Fig. 3.4 zu berechnen. Er beträgt

- in z-Richtung (NMT = 26 Schichten, k = 1 bis 26)
  eine Steinlänge von 0,500 m,

- in y-Richtung (NMH = 13 Schichten, j = 1 bis 13)
  eine Steinbreite von 0,300 m und

<u>Fig. 3.1</u>
Ansicht eines Schalenbausteins ohne Betonkern

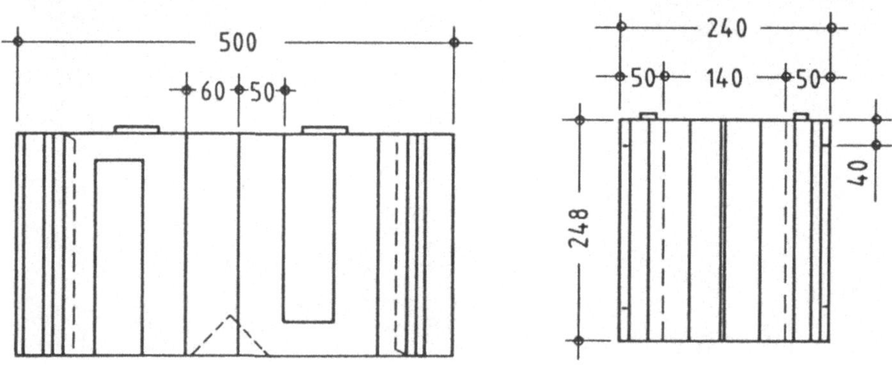

Fig. 3.2

Seitenansichten des Körpers aus Polystyrol(PS)-Hartschaum

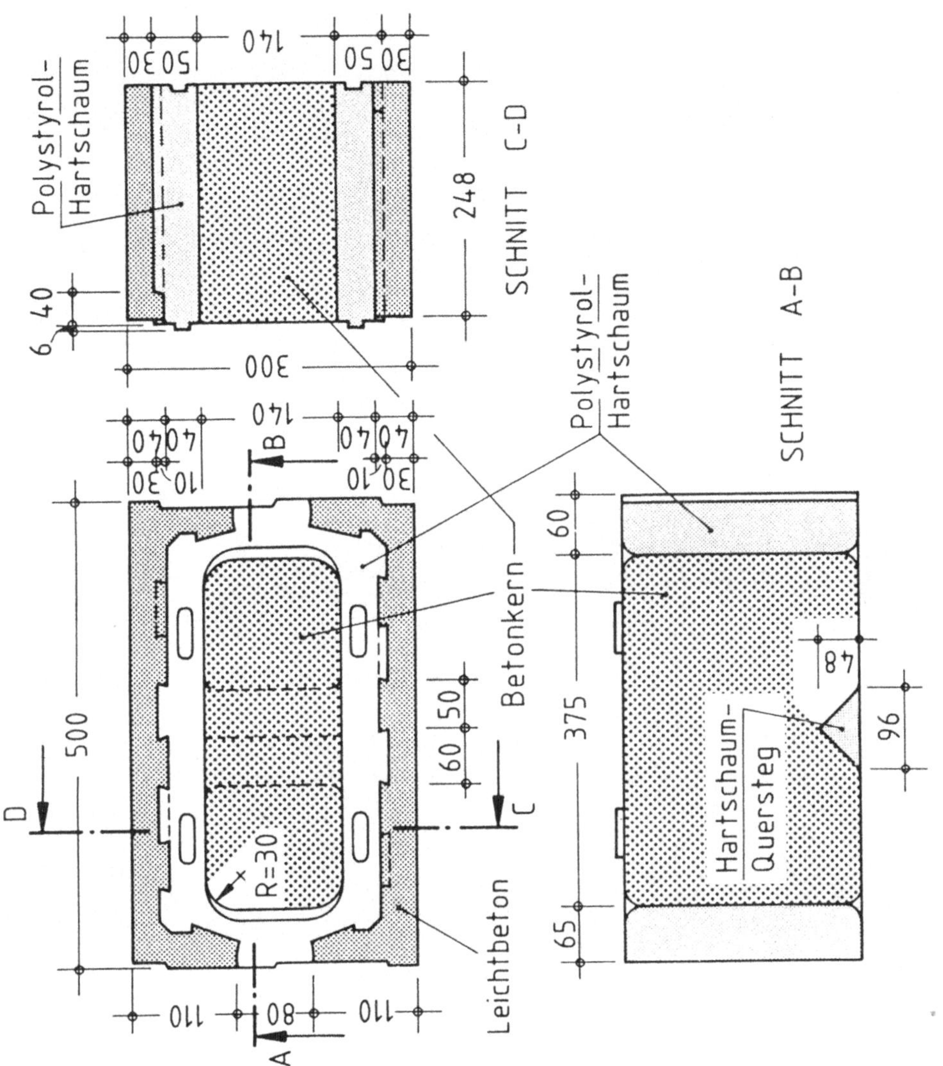

Fig. 3.3 Schnittdarstellung des Schalenbausteins

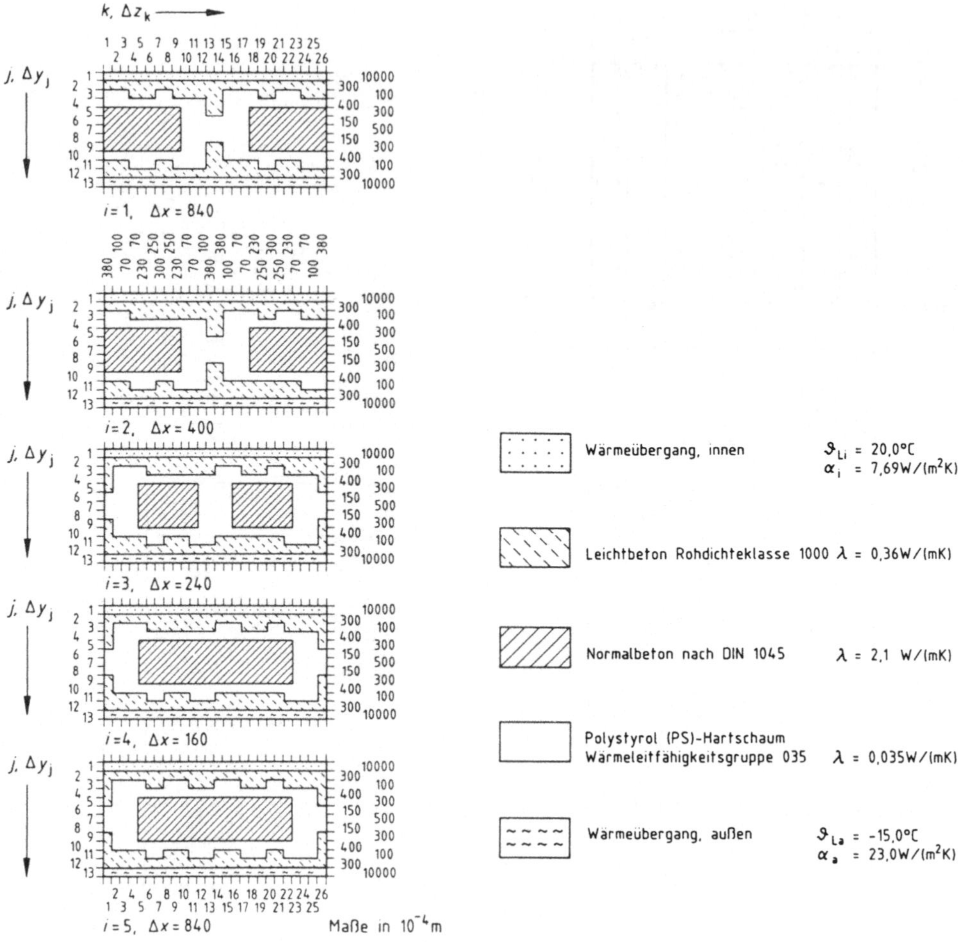
k, Δz_k
j, Δy_j
i = 1, Δx = 840
i = 2, Δx = 400
i = 3, Δx = 240
i = 4, Δx = 160
i = 5, Δx = 840
Maße in 10⁻⁴m
Wärmeübergang, innen
ϑ_Li = 20,0°C
α_i = 7,69W/(m²K)
Leichtbeton Rohdichteklasse 1000 λ = 0,36W/(mK)
Normalbeton nach DIN 1045 λ = 2,1 W/(mK)
Polystyrol (PS)-Hartschaum
Wärmeleitfähigkeitsgruppe 035 λ = 0,035W/(mK)
Wärmeübergang, außen
ϑ_La = -15,0°C
α_a = 23,0W/(m²K)

<u>Fig. 3.4</u>

Elementaufteilung des Schalenbausteins

- in x-Richtung (NMV = 5 Schichten, i = 1 bis 5)
  eine Steinhöhe von 0,248 m.

Dabei wird der mittige Verband durch eine obere halbe Stein-
schicht (Schichten i = 5; 4; 3) und eine untere halbe Stein-
schicht (Schichten i = 2; 1) simuliert. Der Polystyrol(PS)-
Hartschaum-Quersteg mit dreieckigem Querschnitt wird in
einen thermodynamisch äquivalenten, flächengleichen Recht-
eck-Quersteg gleicher Breite mit den Abmessungen 0,096 m x
0,024 m umgewandelt. Bei der Elementierung ist ferner zu beachten, daß sich die Verzahnung Polystyrol(PS)-Hartschaum/
Leichtbeton nicht über die gesamte Steinhöhe erstreckt, s.
<u>Fig. 3.2</u>.

Es ergeben sich nach Gl. (2.26)

$$NEQ = NMV * NMH * NMT = 5 * 13 * 26 = 1690$$

Gleichungen für die unbekannten Knotentemperaturen. Die Beachtung von Gl. (2.27), d.h. $NMV \leq NMH \leq NMT$, führt nach
Gl. (2.28) zu einer (minimalen) Bandbreite von

$$NBAND = NMV * NMH + 1 = 5 * 13 + 1 = 66.$$

Mit dieser Bandbreite ergibt sich nach Gl. (2.33) eine
Blockanzahl von

$$(NBLOK)_{max} = NEQ * NBAND / NSB$$
$$= 1690 * 66 / 6000 = 19,$$

tatsächlich durch die kompakte Speicherung der Koeffizientenmatrix aber

$$NBLOK = 16.$$

76

Der tatsächliche Speicherbedarf für die Dateien NORG (bzw.
NMAT) und NRED beträgt also entsprechend Gl. (2.31) jeweils

$$(SPBED)_{NORG} = (SPBED)_{NRED} = NBLOK * NSB$$
$$= 16 * 6000 = 96000$$

gegenüber 19 * 6000 = 114000 Plätzen bei nichtkompakter Abspeicherung.

Als untere Abschätzung für die maximal in einem der Blöcke
auftretende Anzahl von Spalten ergibt sich nach Gl. (2.32)

$$(MAXC)_{min} = (NUB)_{min} = NSB / NBAND$$
$$= 6000 / 66 = 91,$$

tatsächlich beträgt sie aber aufgrund der kompakten Speicherung

$$MAXC = 163.$$

Die Rechenwerte der Wärmeleitfähigkeiten der einzelnen Baustoffe, der Wärmeübergangswiderstände und Lufttemperaturen
werden nach DIN 4108 Teil 3 und Teil 4 [36, 7] angesetzt,
s. <u>Fig. 3.4</u>. Die **Randbedingungen zur Berechnung des Wärmedurchgangskoeffizienten k bzw. des Wärmedurchlaßwiderstandes**
1/Λ lauten:

- Innenlufttemperatur $\vartheta_{Li} = 20,0\ °C$
- Außenlufttemperatur $\vartheta_{La} = -15,0\ °C$
- innerer Wärmeübergangswiderstand $1/\alpha_i = 0,13\ m^2K/W$
  entsprechend einem
  inneren Wärmeübergangskoeffizienten $\alpha_i = 7,69\ W/(m^2K)$
- äußerer Wärmeübergangswiderstand $1/\alpha_a = 0,04\ m^2K/W$
  entsprechend einem
  äußeren Wärmeübergangskoeffizienten $\alpha_a = 23,0\ W/(m^2K)$

Die Aufsummierung der von der Warmseite (j=13, s. **Fig. 3.4**) zur Kaltseite (j=1) fließenden Wärmeströme erfolgt am einfachsten in den jeweiligen Wärmeübergangsbereichen. Hier treten keine Querwärmeströme, sondern nur Wärmeströme in y-Richtung auf. Zur Kontrolle eventueller Eingabe- oder Rundungsfehler werden die Wärmeströme in beiden Wärmeübergangsbereichen aufsummiert. Die beiden Ausgabekonfigurationen müssen lauten:

PL1	I1	I2	PL2	I1	I2	PL3	I1	I2	KZG	KZT	KZS
2	1	1	3	1	26	1	1	5	0	0	1
2	13	13	3	1	26	1	1	5	0	0	2

Als Ergebnis erhält man für die zwei Aufsummierungsbereiche:

$$S\text{-}NR = 1 \qquad \Sigma \, \dot{Q}_{y,r} \;=\; -1.7197 \; W$$
$$\Sigma |\,\dot{Q}\,|_{\alpha,a} \;=\; 1.7197 \; W$$

$$S\text{-}NR = 2 \qquad \Sigma \, \dot{Q}_{y,l} \;=\; -1.7197 \; W$$
$$\Sigma |\,\dot{Q}\,|_{\alpha,i} \;=\; 1.7197 \; W$$

Beide Wärmeströme sind gleich groß, da im stationären Zustand die Summe der dem Bauteil zufließenden Wärmeströme betragsmäßig gleich der Summe der vom Bauteil abfließenden Wärmeströme sein muß. Sie fließen jeweils von der Warm- zur Kaltseite.

Für das 5*13*26-Modell beträgt die CPU-Zeit der gesamten Rechnung auf der VAX 11/780 82,0 s.

Nach [24] fließt durch ein Außenbauteil, an dessen einer Seite Innenluft mit der Temperatur ϑ_{Li} und an dessen anderer Seite Außenluft mit der Temperatur ϑ_{La} angrenzt, im stationären Zustand ein Wärmestrom der Größe

$$\dot{Q} = kA(\vartheta_{Li} - \vartheta_{La}) \qquad (3.1)$$

Damit ergibt sich der **mittlere Wärmedurchgangskoeffizient** zu

$$k = \frac{\dot{Q}_{ges}}{A(\vartheta_{Li} - \vartheta_{La})} \qquad (3.2)$$

Hierbei ist

der Summenwärmestrom $\dot{Q}_{ges} = 1,7197$ W,
die Querschnittsfläche $A = 0,500 \cdot 0,248 = 0,124$ m^2 und
die Temperaturdifferenz $\vartheta_{Li} - \vartheta_{La} = 20 + 15 = 35$ K.

Man erhält für die vorliegende Wand aus Schalenbausteinen

$$k = 1,7197/(0,124 \cdot 35) = 0,396 \ W/(m^2K)$$

Dann errechnet sich der **mittlere Wärmedurchlaßwiderstand** zu

$$1/\Lambda = 1/k - (1/\alpha_i + 1/\alpha_a) \qquad (3.3)$$

Mit den Wärmeübergangswiderständen $1/\alpha_i = 0,13$ m^{2}K/W und $1/\alpha_a = 0,04$ m^{2}K/W ist

$$1/\Lambda = 1/0,396 - (0,13 + 0,04) = 2,35 \ m^2K/W$$

<u>Fig. 3.5</u> zeigt maßstabsgetreu den Isothermenverlauf in den Mittelebenen der Schichten i = 1, 3 und 5.

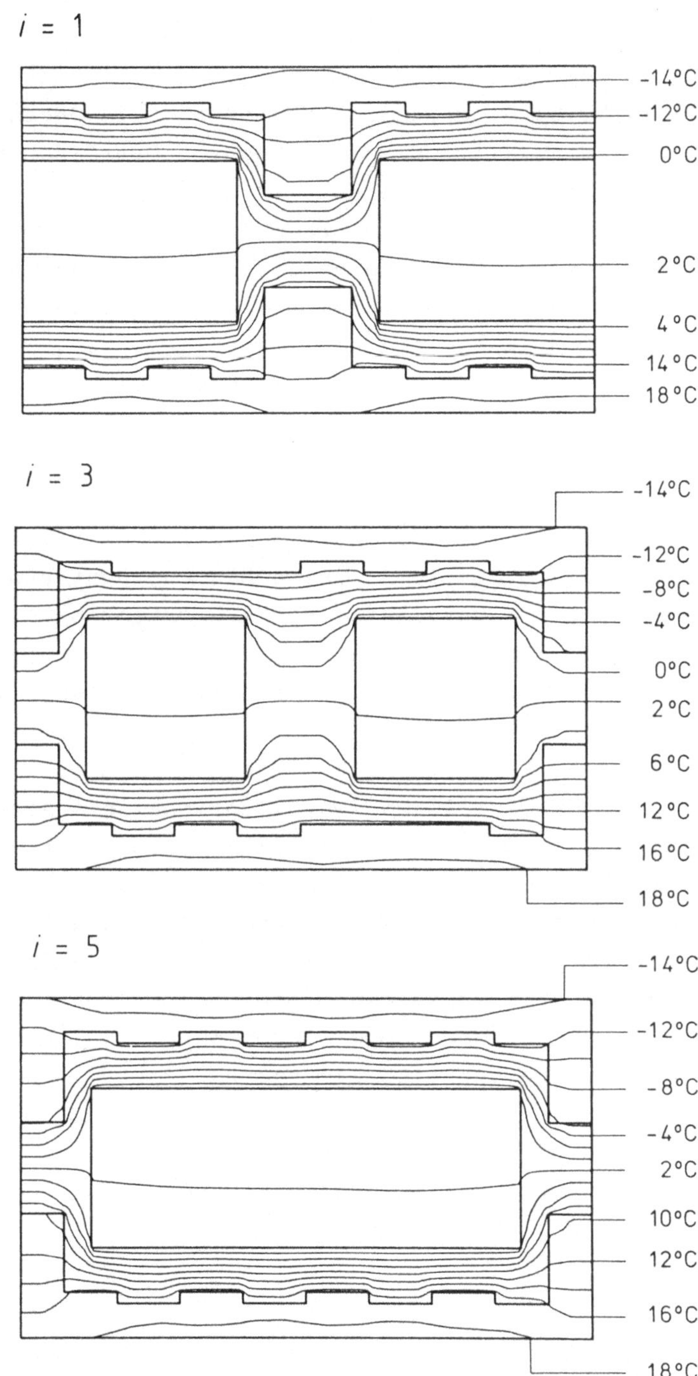

Fig. 3.5

Maßstabsgetreue Darstellung des Schalenbausteins und Verlauf
der Isothermen in den Mittelebenen der Schichten i=1, 3 und 5

3.3 <u>Kunststoff-Fenster mit Stahlaussteifung</u>

Das Anwendungsbeispiel diene als Muster für die Behandlung von Lufthohlräumen. Mit der Berechnung von Oberflächentemperaturen kann bereits im Projektstadium geklärt werden, ob an kritischen Stellen der Fensterkonstruktion bei vorgegebenen Temperatur- und Wärmeübergangsrandbedingungen sowie vorgegebener Taupunkttemperatur mit Tauwasserausfall zu rechnen ist. Auf Einzelheiten sowie die Berechnung des Wärmedurchgangskoeffizienten k von Fensterkonstruktionen wird in [28-30, 41, 42] eingegangen.

Der konstruktive Aufbau des Fensters geht aus den <u>Fig. 3.6</u>, <u>3.7 und 3.10</u> hervor. Das Blendrahmenprofil, das Flügelrahmenprofil und die Glasleiste bestehen aus Hart-PVC, die Rahmenaussteifung aus verzinkten Stahl-Rechteckhohlprofilen, die Dichtungsprofile aus Ethylen-Propylen-Terpolymer-Kautschuk (EPDM). Als Verglasung dient ein Isolierglas 4/12/4.

Zur Berechnung der Fensterkonstruktion ist es ausreichend, den in <u>Fig. 3.7</u> dargestellten zweidimensionalen Ausschnitt zu berücksichtigen. Die Aufteilung dieses Ausschnitts in Volumenelemente der Tiefe $\Delta z = 1$ m ist aus <u>Fig. 3.8</u> zu ersehen. Die Schichtdicken in x-, y- und z-Richtung können dem Rechenbeispiel (Längenraster in x-, y- und z-Richtung) in Abschn. 6.3 entnommen werden. Dabei werden zur genauen Bestimmung der Oberflächentemperaturen dünne Schichten von 0,0001 m Dicke eingeführt. Somit ergeben sich

- in x-Richtung NMV = 42 Schichten,
- in y-Richtung NMH = 51 Schichten und
- in z-Richtung NMT = 1 Schicht

entsprechend NEQ = NMV * NMH * NMT = 42 * 51 * 1 = 2142 unbekannten Temperaturen. Die den Rechnungen zugrundegelegten

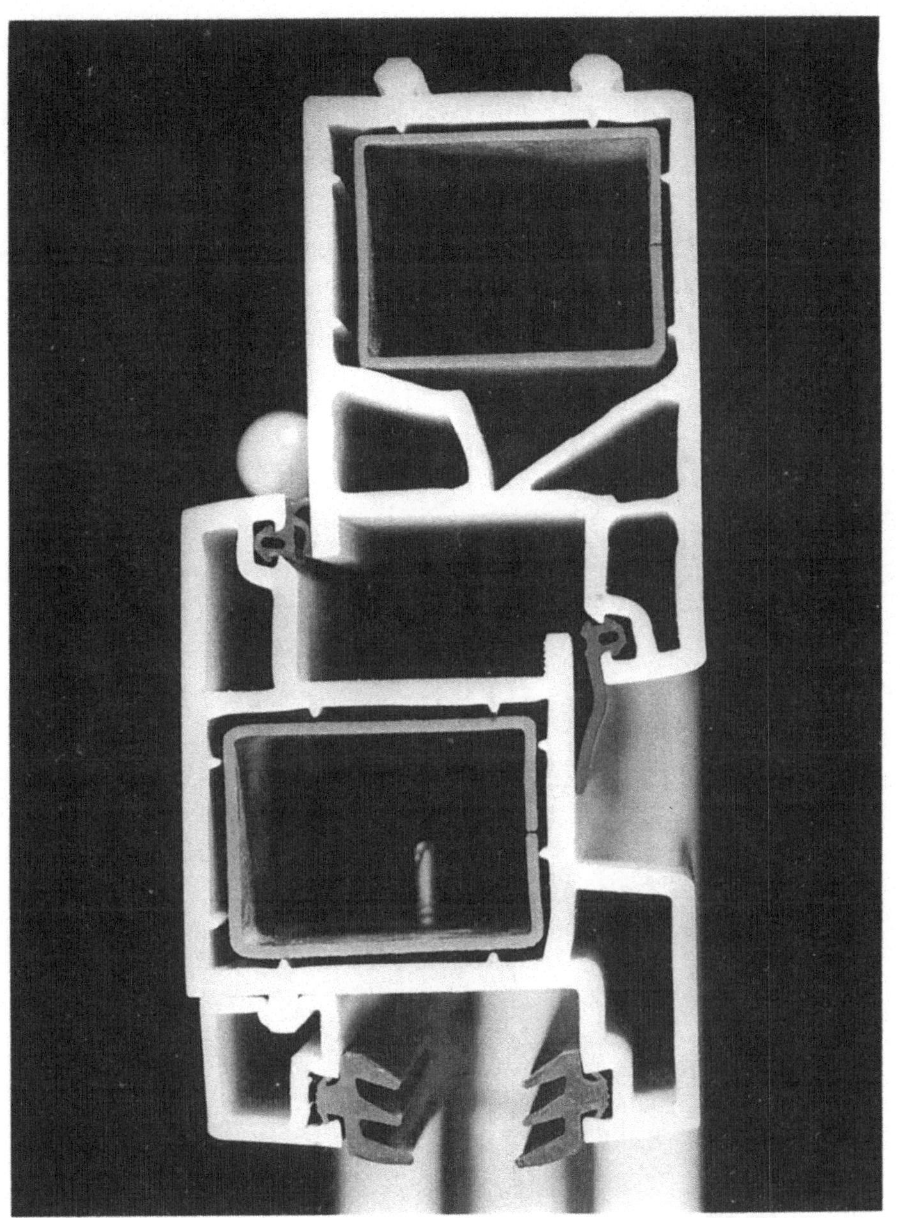

Fig. 3.6 Querschnitt des Kunststoff-Fensters mit Stahlaussteifung

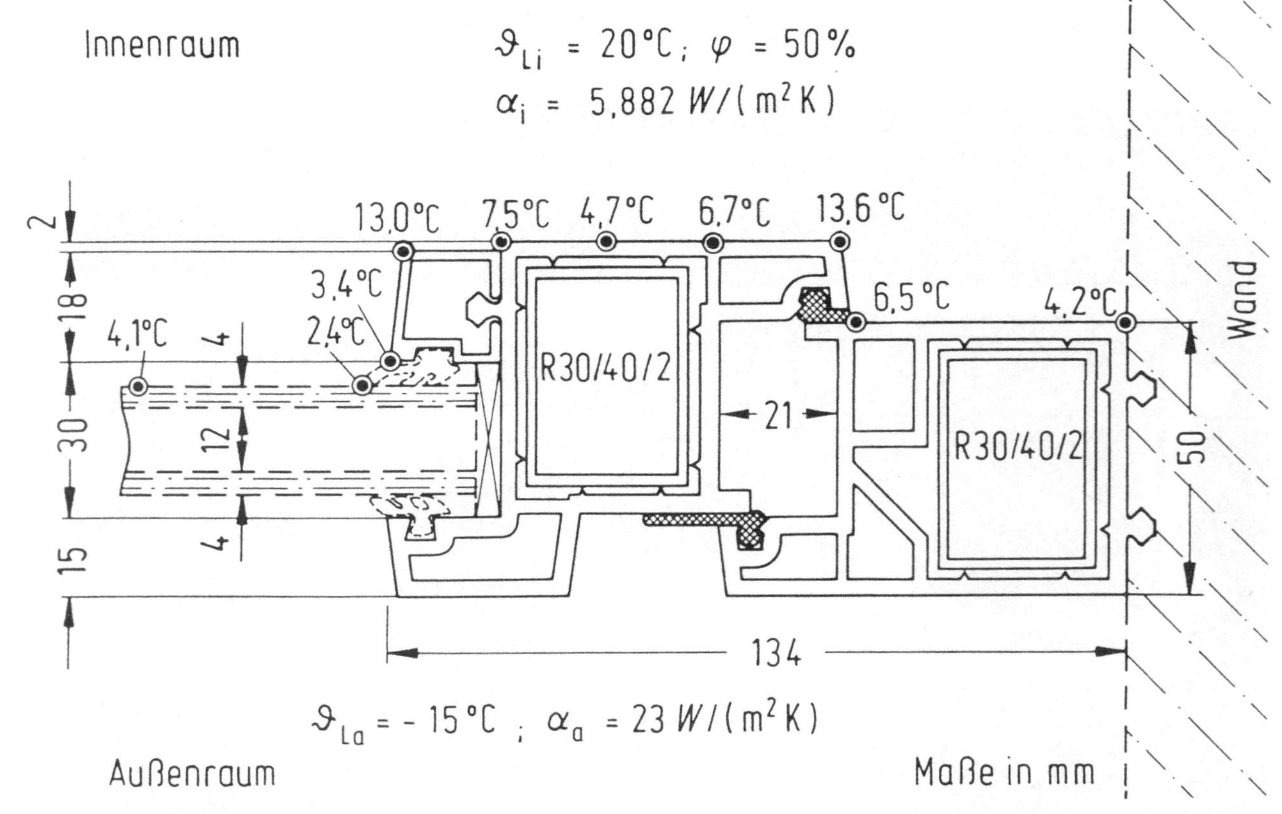

Fig. 3.7
Maßstäbliche Schnittdarstellung des Kunststoff-Fensters mit
Stahlaussteifung und berechnete Temperaturen an der Innen-
oberfläche

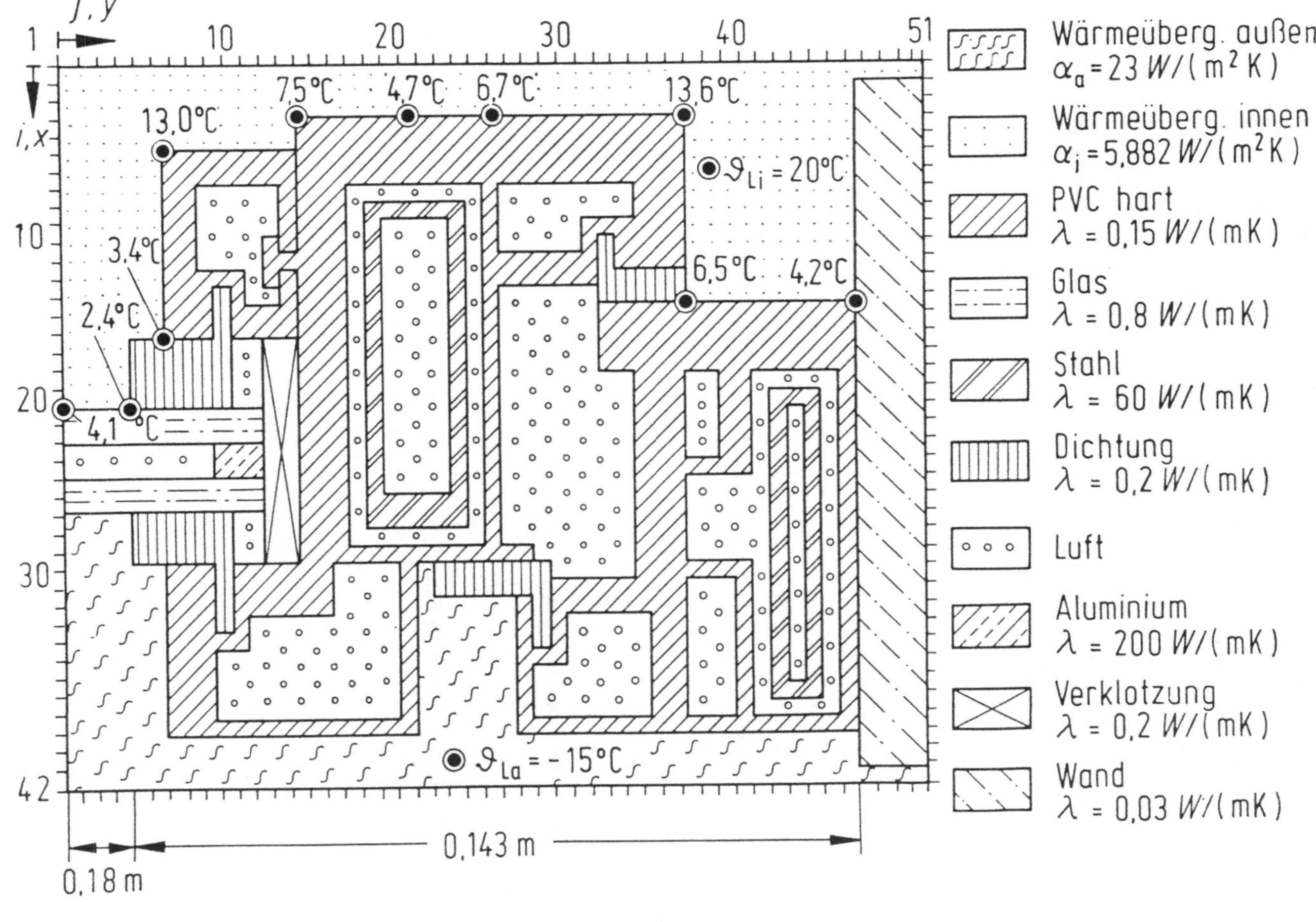

<u>Fig. 3.8</u>

Elementaufteilung des Kunststoff-Fensters mit Stahlaussteifung und berechnete Temperaturen an der Innenoberfläche

Rechenwerte der Wärmeleitfähigkeit der einzelnen Baustoffe wurden [7, 37] entnommen, s. <u>Fig. 3.8</u>. Um den Einfluß des Wandanschlusses und der Wand auf die Temperaturverteilung im Rahmenbereich auszuschalten, wird an der äußeren Blendrahmenfläche (Anschluß Wand) ein näherungsweise adiabatischer Abschluß angenommen, s.a. [30]. Die Berechnung der innenseitigen Oberflächentemperaturen erfolgt entsprechend DIN 4108 Teil 3 und Teil 4 [36, 7] unter den folgenden **Randbedingungen zur Überprüfung auf Tauwasserausfall:**

- Innenlufttemperatur $\vartheta_{Li} = 20,0\ °C$
- Außenlufttemperatur $\vartheta_{La} = -15,0\ °C$
- innerer Wärmeübergangswiderstand $1/\alpha_i = 0,17\ m^2K/W$
  entsprechend einem
  inneren Wärmeübergangskoeffizienten $\alpha_i = 5,882\ W/(m^2K)$
- äußerer Wärmeübergangswiderstand $1/\alpha_a = 0,04\ m^2K/W$
  entsprechend einem
  äußeren Wärmeübergangskoeffizienten $\alpha_a = 23,0\ W/(m^2K)$

Zur Berücksichtigung der Wärmeübertragung in den Lufthohlräumen durch Wärmeleitung, Konvektion und Strahlung wird nach [7, 8, 28-30] ein äquivalenter Wärmedurchlaßwiderstand in Abhängigkeit von der Luftschichtdicke für nichtmetallische Oberflächen nach <u>Fig. 3.9</u> in jeder möglichen Koordinatenrichtung angesetzt. Die genauen Zahlenwerte können Funktion 10 des Rechenbeispiels in Abschn. 6.3 entnommen werden. Bei der Gleichungsaufstellung werden entsprechend Abschn. 2.3 für jedes Hohlraum-Volumenelement die Hohlraumabmessungen (Weglängen) in den vorgegebenen Koordinatenrichtungen automatisch ermittelt, die Wärmedurchlaßwiderstände als Funktion der Weglängen interpoliert und $\lambda_{äq}$ nach Gl. (2.21) bestimmt.

Für das 42*51*1-Modell beträgt die CPU-Zeit der gesamten Rechnung auf der VAX 11/780 153,0 s.

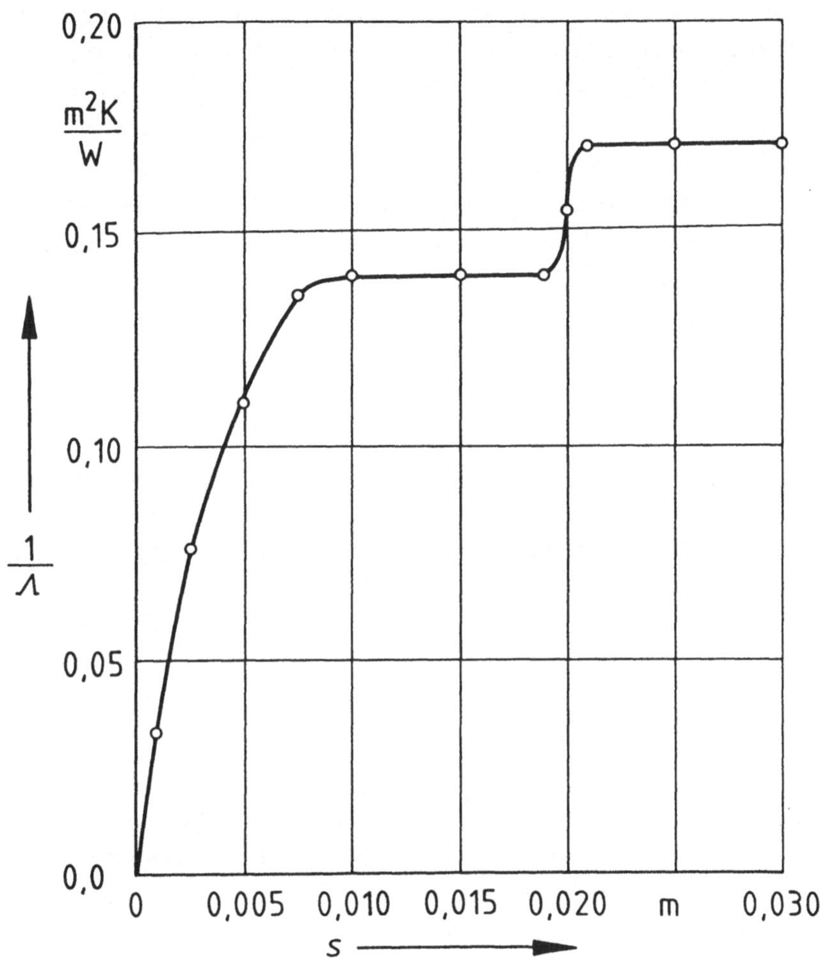

Fig. 3.9
Äquivalenter Wärmedurchlaßwiderstand für nichtmetallische
Oberflächen in Abhängigkeit von der Dicke der Luftschicht
nach [7, 8, 28]

In **Fig. 3.7 und 3.8** sind die auf der Innenoberfläche errechneten Temperaturen an diskreten Stellen in die Fensterkonstruktion eingezeichnet. Die tiefste Oberflächentemperatur auf der Warmseite ergibt sich am Flügelrahmen mittig über der Stahlaussteifung zu $\vartheta = 4{,}7$ °C. Damit liefert die Rechnung den Zusammenhang zwischen der auf der Fensterinnenseite auftretenden minimalen Oberflächentemperatur und der Außenlufttemperatur ϑ_{La}. Bei vorgegebener relativer Luftfeuchte $\varphi = 50$ % (Innenklima) und einer Taupunkttemperatur $\vartheta_s = 9{,}3$°C nach DIN 4108 Teil 3 und Teil 5 [36, 24] kann an dieser Stelle mit Tauwasserausfall bei Temperaturen $\vartheta_{La} \leq -5$ °C gerechnet werden, s. Beispiel 2.5.

Der Isothermenverlauf ist aus **Fig. 3.10** ersichtlich, hier liegen jedoch die Randbedingungen zur Berechnung des Wärmedurchgangskoeffizienten k entsprechend Abschn. 3.2 zugrunde [28].

3.4 Dreischaliger Hausschornstein

Das Anwendungsbeispiel ist als Muster für den Fall temperaturabhängiger Wärmeleitfähigkeiten anzusehen. Gezeigt wird die rechnerische Simulation eines in DIN 18160 Teil 6 [38] festgelegten experimentellen Verfahrens (Prüfschornstein C) zur Messung des Wärmedurchlaßwiderstandes unter stationären Randbedingungen [34, 35].

Der konstruktive Aufbau des dreischaligen Schornsteins mit quadratischem lichten Querschnitt von 0,200 m x 0,200 m und Außenabmessungen von 0,504 m x 0,504 m geht aus **Fig. 3.11** hervor. Zwischen einem Schamotte-Innenrohr und einem Mantelformstein liegt eine Wärmedämmschicht, deren Dicke und Wärmeleitfähigkeit überwiegend den Verlustwärmestrom des

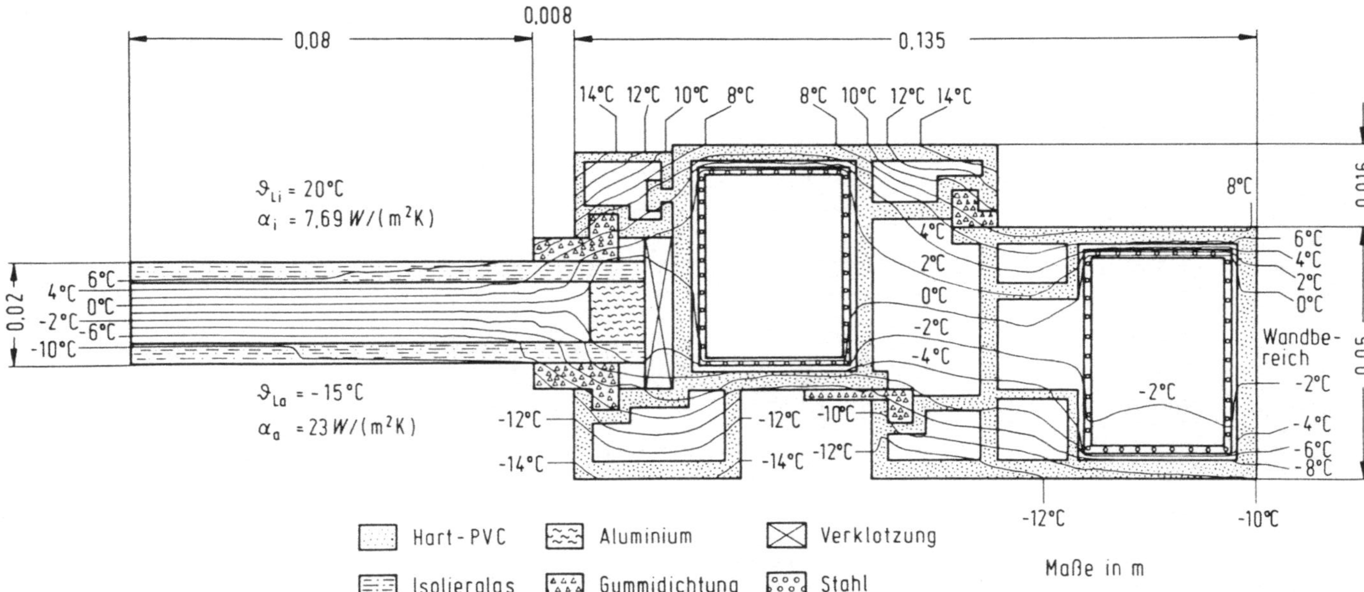

Fig. 3.10

Maßstäblicher Ausschnitt des Kunststoff-Fensters mit Stahl-aussteifung und Verlauf der Isothermen (α_i = 7,69 $W/(m^2K)$) nach [28]

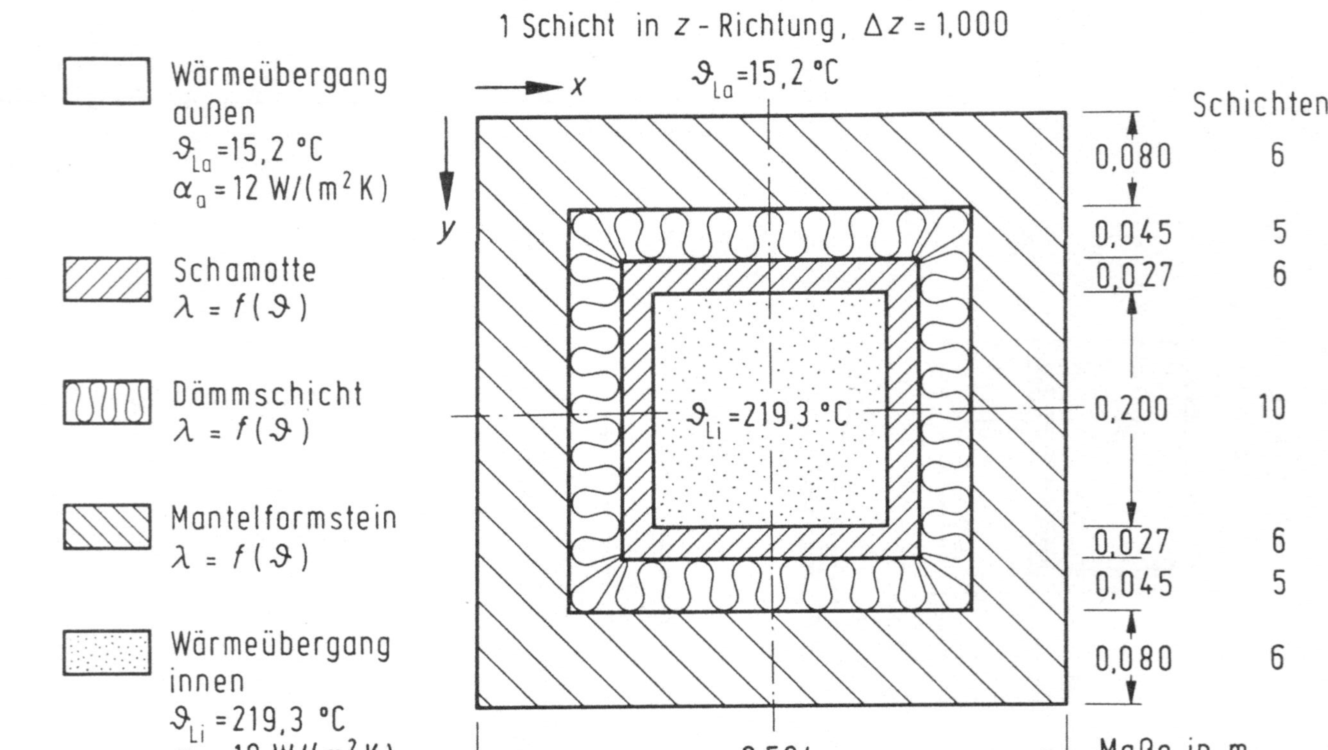

Fig. 3.11

Elementaufteilung eines dreischaligen Schornsteins

dreischaligen Schornsteins bestimmen. Für die Berechnung des Wärmedurchlaßwiderstandes muß zunächst die Temperatur- und Wärmestromverteilung im Schornsteinquerschnitt ermittelt werden. Bei Ausnutzung der Symmetrieverhältnisse wäre die Berücksichtigung eines Viertelausschnitts des Querschnitts ausreichend. Hier wird jedoch der gesamte Querschnitt aufgeteilt, und zwar

- in x-Richtung in NMV = 46 Schichten inklusive der beiden äußeren Wärmeübergangsschichten (i=1 bis 46),

- in y-Richtung in NMH = 46 Schichten inklusive der beiden äußeren Wärmeübergangsschichten (i=1 bis 46) und

- in z-Richtung in NMT = 1 Schicht der Tiefe Δz= 1,000 m.

Die Anzahl der Einzelschichten inklusive einer dünnen Schicht pro Bereich kann <u>Fig. 3.11</u> entnommen werden. Zusätzlich werden zur Bestimmung der Oberflächentemperaturen dünne Schichten von 0,0001 m Schichtdicke an der inneren und äußeren Oberfläche eingeführt. Die Schichtdicken sind aus dem Rechenbeispiel (Längenraster in x-, y- und z-Richtung) in Abschn. 6.4 ersichtlich. Es ergeben sich NEQ = NMV * NMH * NMT = 46 * 46 * 1 = 2116 unbekannte Temperaturen.

Die einzelnen Wertepaare (Temperatur, Wärmeleitfähigkeit) für das Schamotte-Innenrohr, die Wärmedämmschicht und den Mantelformstein können den Funktionen 2, 3 und 4 des Rechenbeispiels in Abschn. 6.4 entnommen werden. Die Randbedingungen für die Berechnung des Wärmedurchlaßwiderstandes lauten:

- Temperatur der Umwälzluft $\quad\quad\quad \vartheta_{Li}$ = 219,3 °C
  (Luftgeschwindigkeit: v = 4,8 m/s)
- Wärmeübergangskoeffizient im
  Schornstein, an der inneren
  Oberfläche, berechnet nach [39] $\quad \alpha_i$ = 18,0 W/(m^{2}K)

- Außenlufttemperatur $\vartheta_{La} = 15,2\ °C$
- Wärmeübergangskoeffizient an
  der äußeren Oberfläche $\alpha_a = 12,0\ W/(m^2K)$

Wenn man die Wärmeübergangsfunktionen den Volumenelementen zuordnet, ist es sinnvoll, bei der **Vorgabe der Richtungen der Wärmeübertragung** sowohl die i-Indexgruppe in x-Richtung als auch die j-Indexgruppe in y-Richtung für alle Wärmeübergangsgebiete negativ vorzugeben. Nur so können eventuelle Fehler vermieden werden, da die Wärmeübertragungsrichtung in den vier Quadranten sich dauernd ändert und an der Innenoberfläche sogar vier Volumenelemente mit Wärmeübertragung in x- und y-Richtung auftreten.

Zur Aufsummierung der von der Warmseite zur Kaltseite fließenden Wärmeströme kann man hier einfach alle Wärmeströme im gesamten inneren Wärmeübergangsbereich aufsummieren. Dazu braucht man nur eine Konfiguration (KZS = 1). Sie lautet:

PL1	I1	I2	PL2	I1	I2	PL3	I1	I2	KZG	KZT	KZS
1	19	28	2	19	28	3	1	1	0	0	1

Zur Kontrolle eventueller Eingabe- oder Rundungsfehler werden hier jedoch auch die Wärmeströme im äußeren Wärmeübergangsbereich aufsummiert (KZS = 2).

Mit der Ausgabekonfiguration

PL1	I1	I2	PL2	I1	I2	PL3	I1	I2	KZG	KZT	KZS
1	24	46	2	24	46	3	1	1	1	0	0

wird, da alle vier Quadranten hinsichtlich der Temperaturverteilung symmetrisch sind, nur der untere rechte Quadrant als normierte Rasteraufteilung ausgegeben.

Zur Berücksichtigung der funktionalen Abhängigkeiten der Wärmeleitfähigkeiten von der Temperatur wird bei allen NKNT= NEQ - NKNU = 2116 - 280 = 1836 Volumenelementen mit unbekannter Knotentemperatur bei der ersten Aufstellung des Gleichungssystems die Wärmeleitfähigkeit in Abhängigkeit der mittleren Randtemperatur nach Gl. (2.47), also von

$$\vartheta_{kn,m} = (1/280)(10 \cdot 10 \cdot 219,3 + 2 \cdot 46 \cdot 15,2$$
$$+ 2 \cdot 44 \cdot 15,2)$$
$$= 88,09 \ °C,$$

interpoliert. Bei Vorgabe von NRFVT = 1 Iterationsblock mit Zwischenausdruck, NMAXIT = 6 Iterationen ohne Zwischenausdruck der Ergebnisse und einer maximalen Schranke EPS = 0,1 K für die Knotentemperaturdifferenz $\Delta\vartheta$ nach Gl. (2.48) nimmt die Knotentemperaturdifferenz $\Delta\vartheta$ schnell wie folgt ab:

BLOCK-NR.	ITER.-NR.	DTKNMAX = $\Delta\vartheta$ IN K
1	1	118.9036
1	2	8.5975
1	3	0.5416
1	4	0.0559

Nach 4 Iterationen, d.h. 4maliger Aufstellung und Lösung des Gleichungssystems entsprechend Abschn. 2.3, gilt $\Delta\vartheta$ < EPS. Folgende Ergebnisse werden u.a. ausgegeben:

$$\text{S-NR} = 1 \qquad \dot{Q}_{ges} = \Sigma|\ \dot{Q}\ |_{a,i} = 228,03 \ \text{W/m Schornsteinhöhe}$$

$$\vartheta_{O,i,Mitte} = 206 \quad °C \quad (i=24,\ j=29)$$
$$\vartheta_{O,i,Ecke} = 194 \quad °C \quad (i=29,\ j=29)$$
$$\vartheta_{O,a,Mitte} = 28,6 \ °C \quad (i=24,\ j=45)$$
$$\vartheta_{O,a,Ecke} = 18,9 \ °C \quad (i=45,\ j=45)$$

Für das 46*46*1-Modell beträgt die CPU-Zeit der gesamten
Rechnung auf der VAX 11/780 bei 4 Iterationen 203,0 s.

Der Wärmedurchlaßwiderstand $1/\Lambda$ der Schornsteinwände ergibt
sich nach [38] wie folgt

$$1/\Lambda = A\Delta\vartheta/\dot{Q}_{ges} = A(\vartheta_{i,m} - \vartheta_{a,m})/\dot{Q}_{ges} \qquad (3.4)$$

mit

$\vartheta_{i,m}$ mittlere Temperatur an der inneren Oberfläche in °C,

$\vartheta_{a,m}$ mittlere Temperatur an der äußeren Oberfläche in °C,

A innere Oberfläche in m^2 und

$\dot{Q}_{ges}$ Verlustwärmestrom in W (nur Schornsteinanteil).

Im vorliegenden Fall erhält man, bezogen auf 1 m Schornstein-
höhe, $A = 4 \cdot 0,2 \cdot 1 = 0,8\ m^2$ und, wenn man zur Ermittlung
der mittleren Oberflächentemperaturen jeweils nur die Mitte
und die Ecke der inneren bzw. äußeren Oberfläche berücksichtigt,

$$1/\Lambda = 0,8((206 + 194)/2 - (28,6 + 18,9)/2)/228$$
$$= 0,62\ m^2K/W$$

Durch Einsatz eines numerischen Verfahrens können gegenüber
dem o.a. Prüfverfahren auch Schornsteingruppen, die Kennwerte
unterschiedlicher Abgase und verschieden hohe Abgastempera-
turen berücksichtigt werden, so daß auch Aussagen über die
Wärmebeanspruchung der einzelnen Schichten gemacht werden
können. Fig. 3.12 zeigt beispielsweise den maßstabsgetreuen
Isothermenverlauf bei dem hier näher untersuchten, dreischaligen Schornstein unter den stationären Randbedingungen
(Prüfschornstein C) nach DIN 18160 Teil 6 [38]. Auch eine
Extrapolation von Versuchsergebnissen auf andere Quer-
schnittsformen ist möglich.

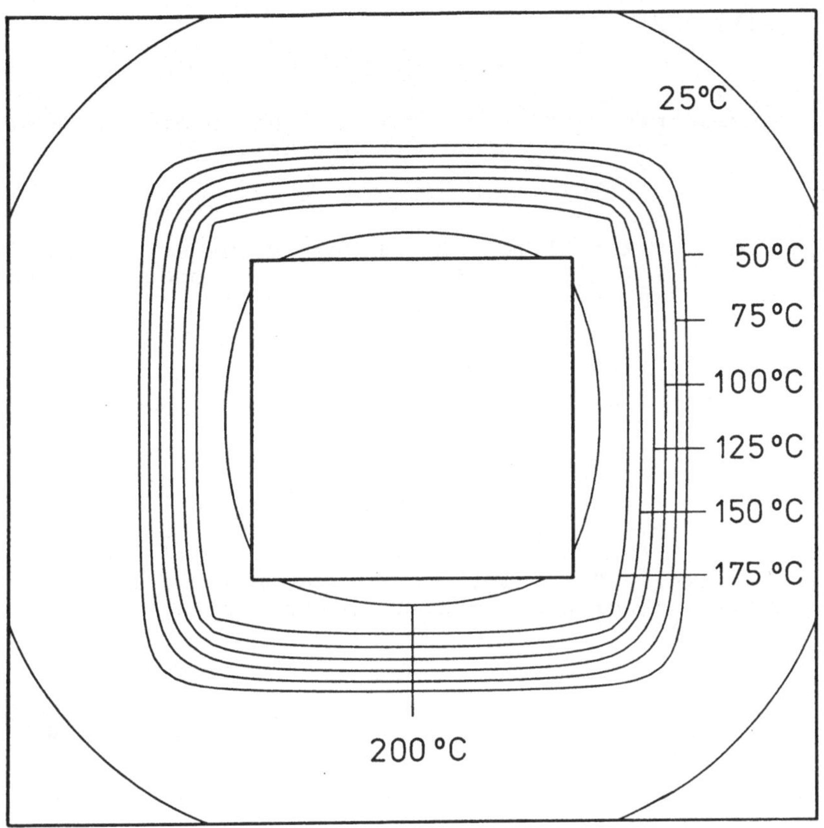

Fig. 3.12

Maßstabsgetreue Darstellung eines dreischaligen Schornsteins
und Verlauf der Isothermen bei stationären Randbedingungen
(Prüfschornstein C) nach DIN 18160 Teil 6 [38]

4 <u>Literatur</u>

[1] **Dusinberre, G.M.**: Heat-Transfer Calculations by Finite Differences. Scranton, Pennsylvania: Internat. Textbook Company, 1961

[2] **Croft, D.R.; Lilley, D.G.**: Heat Transfer Calculations Using Finite Difference Equations. London: Applied Science Publishers Ltd., 1977

[3] **Rohsenow, W.M.; Hartnett, J.P.**: Handbook of Heat Transfer. New York: Mc Graw-Hill Book Company, 1973

[4] **Kreith, F.; Black, W.Z.**: Basic Heat Transfer. New York: Harper & Row Publishers, 1980

[5] **Mondkar, D.P.; Powell, G.H.**: Towards Optimal In-Core Equation Solver. Computers & Structures $\underline{4}$ (1974) 531-548

[6] **Mondkar, D.P.; Powell, G.H.**: Large Capacity Equation Solver for Structural Analysis. Computers & Structures $\underline{4}$ (1974) 699-728

[7] **DIN 4108 Teil 4**, Ausgabe August 1981: Wärmeschutz im Hochbau. Wärme- und feuchteschutztechnische Rechenwerte.

[8] **Berber, J.**: Bauphysik. 2. Aufl. Hamburg: Verlag B.F. Voigt, 1979

[9] **Sauer, R.; Szabó, I.**: Mathematische Hilfsmittel des Ingenieurs. Teil III. Berlin, Heidelberg, New York: Springer-Verlag, 1968

[10] **Späth, H.**: Spline-Algorithmen zur Konstruktion glatter Kurven und Flächen. München, Wien: R. Oldenbourg Verlag, 1973

[11] **Becker, J.; Dreyer, H.-J.; Haacke, W.; Nabert, R.**: Numerische Mathematik für Ingenieure. Stuttgart: B.G. Teubner, 1977

[12]   **Sauer, R.; Szabó, I.**: Mathematische Hilfsmittel des
       Ingenieurs. Teil II. Berlin, Heidelberg, New York:
       Springer-Verlag, 1969

[13]   **Zurmühl, R.**: Praktische Mathematik für Ingenieure und
       Physiker. 5. Aufl. Berlin, Heidelberg, New York:
       Springer-Verlag, 1965

[14]   **Zurmühl, R.**: Matrizen und ihre technischen Anwendun-
       gen. 4. Aufl. Berlin, Göttingen, Heidelberg: Springer-
       Verlag, 1964

[15]   **Stoer, J.; Bulirsch, R.**: Introduction to Numerical
       Analysis. Corrected second Printing. New York, Heidel-
       berg, Berlin: Springer-Verlag, 1983
       - ; -: Einführung in die Numerische Mathematik I.
       3. Aufl. Berlin, Heidelberg, New York: Springer-
       Verlag, 1979
       - ; -: Einführung in die Numerische Mathematik II.
       2. Aufl. Berlin, Heidelberg, New York: Springer-
       Verlag, 1978

[16]   **Schwarz, H.R.**: Methode der finiten Elemente.
       Stuttgart: B.G. Teubner, 1980

[17]   **Schwarz, H.R.**: FORTRAN - Programme zur Methode der
       finiten Elemente. Stuttgart: B.G. Teubner, 1981

[18]   **Rudolphi, R.; Böttcher, B.**: Ein thermo-elektrisches
       Netzwerkverfahren zur Berechnung stationärer Tempera-
       tur- und Wärmestromverteilungen mit Anwendungsbei-
       spielen. Berlin: Bundesanstalt für Materialprüfung,
       1975, 24 Seiten (Forschungsbericht / Bundesanstalt
       für Materialprüfung, Nr. 32)

[19]   **Rudolphi, R.; Müller, R.**: ALGOL-Computerprogramm zur
       Berechnung zweidimensionaler instationärer Temperatur-
       verteilungen mit Anwendungen aus dem Brand- und Wärme-
       schutz. Berlin: Bundesanstalt für Materialprüfung,
       1980, 20 Seiten und 142 Seiten Anhang (Forschungsbe-
       richt / Bundesanstalt für Materialprüfung, Nr. 74)

[20]   **Rohrmann, R.G.; Rudolphi, R.**: Bemessung und Optimie-
       rung beheizbarer Straßen- und Brückenbeläge. Berlin:
       Bundesanstalt für Materialprüfung, 1978, 68 Seiten
       (Forschungsbericht / Bundesanstalt für Materialprü-
       fung, Nr. 53)

[21]   **Hildebrand, F.B.**: Methods of Applied Mathematics.
Second Edition. Englewood Cliffs, New Jersey:
Prentice-Hall, Inc., 1965

[22]   **William, K.J.; Scordelis, A.C.**: Computer Program for
Cellular Structures of Arbitrary Plan Geometry. Ber-
keley: University of California, 1970 (UC-SESM Report
No. 70-10)

[23]   **Wilkinson, J.H.; Reinsch, C.**: Handbook for Automatic
Computation. Vol. II. Grundlehren der mathematischen
Wissenschaften in Einzeldarstellungen, Band 186.
Berlin, Heidelberg, New York: Springer-Verlag, 1971

[24]   **DIN 4108 Teil 5**, Ausgabe August 1981: Wärmeschutz im
Hochbau. Berechnungsverfahren.

[25]   **Fricke, H.; Vaske, P.**: Grundlagen der Elektrotechnik.
Teil 1: Elektrische Netzwerke. 17. Aufl. Stuttgart:
B.G. Teubner, 1982

[26]   **Hauser, G.; Schulze, H.; Wolfseher, U.**: Wärmebrücken
im Holzbau. BAUPHYSIK 5 (1983), H. 1, 17-21 sowie
H. 2, 42-51

[27]   **Kieper, G.; Wagner, A.; Kersten, O.**: Methode zur Ver-
minderung des rechen- und versuchstechnischen Aufwan-
des bei bauphysikalischen Problemstellungen.
BAUPHYSIK 5 (1983), H. 6, 199-202

[28]   **Wagner, A.; Kasper, F.-J.; Rudolphi, R.**: Die Anwen-
dung numerischer Methoden bei der Beurteilung des
Wärmeschutzes von Fenstern. BAUPHYSIK 4 (1982),
H. 2, 49-53

[29]   **Kasper, F.-J.; Müller, R.; Rudolphi, R.; Wagner, A.**:
The Thermal Transmittance of Windows. Building Re-
search and Practice 11 (1983), No. 5, 292-297

[30]   **Kasper, F.-J.; Müller, R.; Rudolphi, R.; Wagner, A.**:
Zum wärmeschutztechnischen Verhalten des Anschlußbereichs Fenster-Wand. Haustechnik·Bauphysik·Umwelt-
technik (gi) 105 (1984), H. 4, 169,170,223-227

[31]   **Liersch, K.W.**: Wärme- und Feuchteschutz an Dach
und Fassade nach der neuen DIN 4108 (s. speziell
S. 62-64). Köln-Braunsfeld: Verlagsgesellschaft
Rudolf Müller, 1981

[32]   **Müller, R.**: Vergleichsberechnungen für Wärmebrük-
ken. Beitrag in: BAM-Jahresbericht 1979, S. 51.
Berlin: Bundesanstalt für Materialprüfung, 1980

[33]   **Rudolphi, R.; Müller, R.**: Parametervariation zur
Minimierung der Energieverluste einer Industriewand
unter Einsatz eines Rechenverfahrens zur Berechnung
stationärer Temperatur- und Wärmestromverteilungen
und Aufstellung eines Regressionsmodells für den
Wärmedurchgangskoeffizienten. Berlin: Bericht der
Bundesanstalt für Materialprüfung zu einem Forschungs-
auftrag der Eternit AG, Nr. 2.44/ 20102$\underline{1}$ vom 9.12.1981

[34]   **Klement, E.; Rudolphi, R.**: Zur numerischen Abschät-
zung der stationären Temperaturverteilung im Quer-
schnitt von Schornsteinen. Beitrag in: Kongreßband
"Industrieschornsteine" der 3. Internationalen
Schornstein-Tagung, München, 1978, 241-248. Essen:
Vulkan-Verlag, 1978 bzw.
Technische Mitteilungen $\underline{72}$ (1979), H. 2/3/4, 323-330

[35]   **Rudolphi, R.; Klement, E.; Müller, R.**: Zur numeri-
schen Berechnung der Wärmeverluste dreischaliger
Schornsteine unter stationären Randbedingungen.
BAUPHYSIK $\underline{3}$ (1981), H. 6, 219-221 bzw.
-; -; -: On the Numerical Calculation of the Thermal
Resistance of Chimneys under Steady-State Conditions.
Beitrag in: Proceedings of the Fourth International
Symposium on Industrial Chimneys, Den Haag, 1981, 67-75

[36]   **DIN 4108 Teil 3**, Ausgabe August 1981: Wärmeschutz im
Hochbau. Klimabedingter Feuchteschutz; Anforderungen
und Hinweise für Planung und Ausführung.

[37]   **Klein, W.**: Das Fenster und seine Anschlüsse. Köln-
Braunsfeld: Verlagsgesellschaft Rudolf Müller, 1975

[38]   **DIN 18160 Teil 6**, Ausgabe Juli 1982: Hausschornsteine.
Prüfbedingungen und Beurteilungskriterien für Prüfun-
gen an Prüfschornsteinen.

[39]   **DIN 4705 Teil 1**, Ausgabe September 1979: Berechnung von Schornsteinabmessungen. Begriffe. Ausführliches Berechnungsverfahren.

[40]   **Liersch, K.**: Belüftete Dach- und Wandkonstruktionen. Band 2: Vorhangfassaden. Anwendungstechnische Grundlagen (s. speziell S.24-25). Wiesbaden, Berlin: Bauverlag GmbH, 1984

[41]   **Rudolphi, R.; Müller, R.**: Ein kurzer Überblick über Versuchs- und Rechenmethoden zum wärmeschutztechnischen Verhalten von Fenstern / Un bref aperçu des méthodes d'essais et de calcul d'isolation thermique des fenêtres. Amts- und Mitteilungsblatt der Bundesanstalt für Materialprüfung $\underline{15}$ (1985), H. 1, 19-25

[42]   **Kasper, F.-J.; Müller, R.; Rudolphi, R.; Wagner, A.**: Theoretische Ermittlung des Wärmedurchgangskoeffizienten von Fensterkonstruktionen unter besonderer Berücksichtigung der Rahmenproblematik. Berlin: Bundesanstalt für Materialprüfung, 1985, 94 Seiten (Schlußbericht zum BAM-Forschungsvorhaben 02429)

5 Listing des FORTRAN IV – Rechenprogramms STAT 3 D

```
C        FORTRAN-PROGRAMM - VAX 11/780 - BAM 2.44 - 15.06.83
C        BERECHNUNG DREIDIMENSIONALER STATIONAERER TEMPERATUR- UND WAERMESTROM-
C        VERTEILUNGEN UEBER RECHTWINKLIGE, QUADERFOERMIGE VOLUMENELEMENTE
C        MIT VOLUMENELEMENTSCHWERPUNKT ALS KNOTENPUNKT
C        MIT BESTIMMUNG DER WEGLAENGEN SX,SY,SZ IM HOHLRAUM
C        MIT SPLINE-INTERPOLATION DER KENNLINIEN
C        MIT AUFSUMMIERUNG DER WAERMESTROEME
C        MIT AUSGABE EINER NORMIERTEN RASTERAUFTEILUNG
C
C        PROGRAMMBESCHRAENKUNGEN:
C
C        ANZAHL DER UNBEKANNTEN TEMPERATUREN, NMV*NMH*NMT        6000
C        ANZAHL DER SCHICHTEN IN EINER RICHTUNG                  100
C        ANZAHL DER AUSGABEWERTETUPEL, NZE                        40
C        ANZAHL DER AUFSUMMIERUNGSGRUPPEN, NKZS                   20
C        ANZAHL DER FUNKTIONSWERTEPAARE, NMA                     100
C        ANZAHL DER FUNKTIONSKONFIGURATIONEN                     250
C
C        REIHENFOLGE DER EINGABEDATEN (FORMATFREI MAX. 7 STELLEN):
C
C        0.ALS ANFANG DES DATENBLOCKS
C          /*
C        1.NR DES PROBLEMS, NR
C        2.TEXT BIS ZU 74 ZEICHEN, EINGESCHLOSSEN ZWISCHEN '(' UND ')'
C        3.MASCHENANZAHL IN X-RICHTUNG,      NMV
C          MASCHENANZAHL IN Y-RICHTUNG,      NMH
C          MASCHENANZAHL IN Z-RICHTUNG,      NMT
C          ANZAHL DER GL.AUFLOESUNGEN,    NMAXIT
C          ABBRUCHFEHLER IN GRAD C,          EPS
C          ANZAHL DER ITERATIONSBLOECKE,    NRFVT
C        4.ANZAHL DER AUSGABEWERTETUPEL,     NZE
C          DIE AUSGABE DER ERGEBNISSE ERFOLGT JEWEILS
C          NACH BEENDIGUNG EINES ITERATIONSBLOCKES
C        5.NZE WERTETUPEL DER ART:
C          PLATZ DER UNABHAENG. 1. VARIABLEN,   PL1
C          MASCHENANFANGSINDEX DER VARIABLEN,    I1
C          MASCHENENDINDEX DER VARIABLEN,        I2
C          PLATZ DER UNABHAENG. 2. VARIABLEN,   PL2
C          MASCHENANFANGSINDEX DER VARIABLEN,    I1
C          MASCHENENDINDEX DER VARIABLEN,        I2
C          PLATZ DER UNABHAENG. 3. VARIABLEN,   PL3
C          MASCHENANFANGSINDEX DER VARIABLEN,    I1
C          MASCHENENDINDEX DER VARIABLEN,        I2
C          KENNZIFFER FUER GEOMETR. ZUORDNUNG, KZG
C          KENNZIFFER FUER TABELLIERUNG  PHI,  KZT
C          KENNZIFFER FUER AUFSUMMIERUNG PHI,  KZS
C          (KEINE) GEOMETRISCHE ZUORDNUNG BEI (0) 1
C          (KEINE) TABELLIERUNG  PHI        BEI (0) 1
C          (KEINE) AUFSUMMIERUNG PHI        BEI (0) J=1,2,...,20
```

```
C      6.ANZAHL DER LAENGENKONFIGURATIONEN IN X-RICHTUNG, NRI
C      7.NRI WERTETUPEL DER ART:
C        LAENGE DX IN M, LX
C        MASCHENANFANGSINDEX IN X-RICHTUNG, IMUV
C        MASCHENSCHRITTWEITE IN X-RICHTUNG, DIMV
C        MASCHENENDINDEX     IN X-RICHTUNG, IMOV
C      8.ANZAHL DER LAENGENKONFIGURATIONEN IN Y-RICHTUNG, NRJ
C      9.NRJ WERTETUPEL DER ART:
C        LAENGE DY IN M, LY
C        MASCHENANFANGSINDEX IN Y-RICHTUNG, JMUH
C        MASCHENSCHRITTWEITE IN Y-RICHTUNG, DJMH
C        MASCHENENDINDEX     IN Y-RICHTUNG, JMOH
C     10.ANZAHL DER LAENGENKONFIGURATIONEN IN Z-RICHTUNG, NRK
C     11.NRK WERTETUPEL DER ART:
C        LAENGE DZ IN M, LZ
C        MASCHENANFANGSINDEX IN Z-RICHTUNG, KMUT
C        MASCHENSCHRITTWEITE IN Z-RICHTUNG, DKMT
C        MASCHENENDINDEX     IN Z-RICHTUNG, KMOT
C     12.ANZAHL DER VERSCHIEDENEN FUNKTIONEN, NMA
C     13.NMA WERTETUPEL DER ART:
C        MATERIALCHARAKTERISIERUNGSUEBERSCHRIFT, MAX. 74 ZEICHEN
C        EINGESCHLOSSEN ZWISCHEN ´(´ UND ´)´
C        ANZAHL DER WERTETUPEL, NLA
C        KENNZIFFER FUER FUNKTIONSART, KZT
C        KENNZIFFER FUER FUNKTIONSART, KZF
C
C        BEI FUNKTIONEN MIT KZT=4 ODER KZT=30 SIND NLA WERTEPAARE (X,FX)
C        VORZUGEBEN, SONST NUR EIN WERTEPAAR (NLA=1):
C
C     WAERMESTROM
C        KZT= 1, KZF=BEL.:    DUMMY,PHI          PHI IN W
C
C     RANDTEMPERATUR
C        KZT= 2, KZF=BEL.:    DUMMY,THETAR       THETAR IN GRAD C
C
C     WAERMEUEBERGANGSKOEFFIZIENT
C        KZT= 3, KZF=BEL.:    DUMMY,ALPHA        ALPHA IN W/(M*M*K)
C
C     WAERMELEITFAEHIGKEIT
C        KZT= 4, KZF=BEL.:    THETA,LAMBDA       THETA  IN GRAD C
C                                                LAMBDA IN W/(M*K)
C
C     WAERMEDURCHLASSWIDERSTAND
C        KZT=30, KZF=BEL.:    S,(1/GRLAM)        SCHICHTDICKE S IN M
C                                                1/GRLAM IN M*M*K/W
C
```

```
C      14.ANZAHL DER FUNKTIONSKONFIGURATIONEN, NMAKO
C      15.NMAKO WERTETUPEL DER ART:
C          FUNKTIONS-NR, NRM
C          ANFANGSINDEX IN X-RICHTUNG, IMUV
C          SCHRITTWEITE IN X-RICHTUNG, DIMV
C          ENDINDEX     IN X-RICHTUNG, IMOV
C          ANFANGSINDEX IN Y-RICHTUNG, JMUH
C          SCHRITTWEITE IN Y-RICHTUNG, DJMH
C          ENDINDEX     IN Y-RICHTUNG, JMOH
C          ANFANGSINDEX IN Z-RICHTUNG, KMUT
C          SCHRITTWEITE IN Z-RICHTUNG, DKMT
C          ENDINDEX     IN Z-RICHTUNG, KMOT
C
C          EINSCHRAENKUNGEN:
C
C          A. MINDESTENS (HOECHSTENS) EINE INDEXGRUPPE NEGATIV BEI
C             KZT=3 BZW. 30 (KZT=4)
C          B. ERLAUBT IST DIE KOMBINATION VON EINER RANDBEDINGUNG MIT
C             EINER SONSTIGEN FUNKTION, D.H.
C             (KZT=1 ODER KZT=2) UND (KZT=3 ODER KZT=4 ODER KZT=30)
C          C. WIRD EIN INDEX EINER INDEXGRUPPE NEGATIV VORGEGEBEN,
C             WERDEN VOM PROGRAMM HER ALLE INDIZES DIESER INDEXGRUPPE
C             NEGATIV GESETZT
C          D. STIMMEN DREI INDIZES EINER INDEXGRUPPE UEBEREIN, SO
C             KANN STATT I I I AUCH I 0 0 VORGEGEBEN WERDEN
C
C      16.ALS ENDEZEICHEN
C          /*
C          /*
C-----------------------------------------------------------------------
C      ANMERKUNGEN
C-----------------------------------------------------------------------
C      1.KOORDINATENACHSEN UND INDIZES BEI AUSGABE DER NORMIERTEN
C        RASTERAUFTEILUNG (PARAMETERRICHTUNG: SENKRECHT ZUR PAPIEREBENE
C        VON OBEN NACH UNTEN)
C
C        PARAMETER: K;Z           PARAMETER: J;Y           PARAMETER: I;X
C
C        0--------> J;Y          0--------> K;Z           0--------> K;Z
C        |                       |                        |
C        |          PL1=1        |          PL1=1         |          PL1=2
C        |          PL2=2        |          PL2=3         |          PL2=3
C        V          PL3=3        V          PL3=2         V          PL3=1
C        I;X                     I;X                      J;Y
C
C        0--------> I;X          0--------> I;X           0--------> J;Y
C        |                       |                        |
C        |          PL1=2        |          PL1=3         |          PL1=3
C        |          PL2=1        |          PL2=1         |          PL2=2
C        V          PL3=3        V          PL3=2         V          PL3=1
C        J;Y                     K;Z                      K;Z
C
C      2.WAERMESTROEME IN KOORDINATENRICHTUNG POSITIV
C      3.IN DEN KNOTEN EINGESPEISTE WAERMESTROEME POSITIV
```

```fortran
C
C---------------------------------------------------------------------
C      HAUPTPROGRAMM
C---------------------------------------------------------------------
       INTEGER SUHKNF
       LOGICAL EXTRAP
       COMMON NAM,IAUS,EXTRAP,EPS,IRFVT,NRFVT,ITER,NMAXIT,
      *        NDAT,SUHKNF
       COMMON/GLOE/NORG,NRED,NPVT,XS
C
       IHPANF=0                                                   !VAX
       CALL LIB$INIT_TIMER(IHPANF)                                !VAX
       NAM=4
       NDAT=60
       SUHKNF=61
       NORG=50
       NRED=51
       NPVT=52
       IRFVT=0
       REWIND NDAT
  100  CALL DATAPR
       IF(IAUS) 999,200,100
  200  IRFVT=IRFVT+1
       ITER=0
  300  ITER=ITER+1
       XS=0.
       EXTRAP=.FALSE.
       CALL GLAUF
       IF(IAUS.EQ.1)        GOTO 100
       CALL GLOES
       IF(ITER.LT.NMAXIT.AND.XS.GT.0.9) GOTO 300
       CALL RESULT
       IF(IAUS.EQ.1)        GOTO 100
       IF(IRFVT.LT.NRFVT.AND.XS.GT.0.9) GOTO 200
       GOTO 100
  999  CALL UEBERS(NAM)
       CALL LIB$STAT_TIMER(2,ITIMHP,IHPANF)                       !VAX
       TIMEHP=ITIMHP/100                                          !VAX
       WRITE(NAM,1000)
 1000  FORMAT(/,18H ENDE DER RECHNUNG)
       WRITE(NAM,1100) TIMEHP                                     !VAX
 1100  FORMAT(1H+,18X,18H - CPU-ZEIT IN S =,F10.1)                !VAX
       STOP
       END
C
C---------------------------------------------------------------------
       BLOCK DATA
C---------------------------------------------------------------------
       INTEGER IZ,IS,TEXT
       COMMON/DEA/IZ(28),IS(80),NS
       COMMON/UE/NR,TEXT(81)
       DATA IZ/1H0,1H1,1H2,1H3,1H4,1H5,1H6,1H7,1H8,1H9,1H ,1H,,1H.,
      *        1HD,1HA,1HT,1HC,1HO,1H-,1H´,1H(,1H),1H%,1H!,1HE,1H/,
      *        1H*,1H;/
       DATA NR,NS,TEXT(1)/0,80,0/
       END
C
```

```
C-----------------------------------------------------------------------
      SUBROUTINE DATAPR
C-----------------------------------------------------------------------
      INTEGER TEXT,UEMA(81)
      INTEGER DIM,DJM,DKM,DIMV,DJMH,DKMT,O,P,PL,PL1,PL2,PL3,SUHKNF
      REAL LAMBDA
      LOGICAL HALT,EXTRAP
      DIMENSION INFF(3),LETTER(26),N1KONF(50),N2KONF(50),NRF(6000)
      COMMON/DEA/ IZ(28),IS(80),NS
      COMMON/UE/  NR,TEXT(81)
      COMMON/GN/  NMV,NMH,NMT,NMVH,NMA,NMAKO
      COMMON/WID1/UHKN(6000)
      COMMON/WID/ ALX(100),ALY(100),ALZ(100),
     *            N2MAF(100),TEMP(100),ALAM(100),KZF1(100),
     *            KZF2(100),A(100),B(100),C(100),D(100),
     *            NRMA(250),IMU(250),DIM(250),IMO(250),JMU(250),
     *            DJM(250),JMO(250),KMU(250),DKM(250),KMO(250)
      COMMON NAM,IAUS,EXTRAP,EPS,IRFVT,NRFVT,ITER,NMAXIT,
     *       NDAT,SUHKNF,NZE,PL(40,12)
      EQUIVALENCE(UHKN,NRF)
      DATA LETTER/1HA,1HB,1HC,1HD,1HE,1HF,1HG,1HH,1HI,1HJ,1HK,1HL,1HM,
     *            1HN,1HO,1HP,1HP,1HR,1HS,1HT,1HU,1HV,1HW,1HX,1HY,1HZ/
C
C     EINLESEN DER STEUERPARAMETER UND PROBLEMKENNWERTE
C
      IAUS=0
      ITD=NDAT
      CALL RECALL(ITD,4,I      ,R      ,TEXT,HALT)
      IF(HALT)              GOTO 1500
      CALL RECALL(ITD,1,NR     ,R      ,TEXT,HALT)
      IF(HALT)              GOTO 1400
      CALL RECALL(ITD,3,I      ,R      ,TEXT,HALT)
      IF(HALT)              GOTO 1400
      CALL RECALL(ITD,1,NMV    ,R      ,TEXT,HALT)
      IF(HALT)              GOTO 1400
      CALL RECALL(ITD,1,NMH    ,R      ,TEXT,HALT)
      IF(HALT)              GOTO 1400
      CALL RECALL(ITD,1,NMT    ,R      ,TEXT,HALT)
      IF(HALT)              GOTO 1400
      CALL RECALL(ITD,1,NMAXIT,R      ,TEXT,HALT)
      IF(HALT)              GOTO 1400
      CALL RECALL(ITD,2,I      ,EPS    ,TEXT,HALT)
      IF(HALT)              GOTO 1400
      CALL RECALL(ITD,1,NRFVT ,R      ,TEXT,HALT)
      IF(HALT)              GOTO 1400
      NMV=IABS(NMV)
      NMH=IABS(NMH)
      NMT=IABS(NMT)
      IF(NMAXIT.LE.0) NMAXIT=1
      EPS=ABS(EPS)
C
      NMVH=NMV*NMH
      NMGES=NMV*NMH*NMT
      NI=NMH*NMT*(NMV-1)+NMV*NMT*(NMH-1)+NMH*NMV*(NMT-1)
C
      CALL RECALL(ITD,1,NZE    ,R      ,TEXT,HALT)
      IF(HALT)              GOTO 1400
      NZE=IABS(NZE)
C
C     EINLESEN, UEBERPRUEFEN UND WEGSPEICHERN DER AUSGABEKONFIGURATIONEN
C
      CALL UEBERS(NAM)
      WRITE(NAM,351)
  351 FORMAT(/,23H AUSGABEKONFIGURATIONEN,//,6H K-NR ,
     *          36H PL1  I1  I2 PL2  I1  I2 PL3  I1  I2,
     *          12H KZG KZT KZS,/)
C
      DO 301 IZE=1,NZE
      CALL RECALL(ITD,1,PL1    ,R      ,TEXT,HALT)
```

```
      IF(HALT)                 GOTO 1400
      CALL RECALL(ITD,1,I1     ,R       ,TEXT,HALT)
      IF(HALT)                 GOTO 1400
      CALL RECALL(ITD,1,I2     ,R       ,TEXT,HALT)
      IF(HALT)                 GOTO 1400
      CALL RECALL(ITD,1,PL2    ,R       ,TEXT,HALT)
      IF(HALT)                 GOTO 1400
      CALL RECALL(ITD,1,J1     ,R       ,TEXT,HALT)
      IF(HALT)                 GOTO 1400
      CALL RECALL(ITD,1,J2     ,R       ,TEXT,HALT)
      IF(HALT)                 GOTO 1400
      CALL RECALL(ITD,1,PL3    ,R       ,TEXT,HALT)
      IF(HALT)                 GOTO 1400
      CALL RECALL(ITD,1,K1     ,R       ,TEXT,HALT)
      IF(HALT)                 GOTO 1400
      CALL RECALL(ITD,1,K2     ,R       ,TEXT,HALT)
      IF(HALT)                 GOTO 1400
      CALL RECALL(ITD,1,KZG    ,R       ,TEXT,HALT)
      IF(HALT)                 GOTO 1400
      CALL RECALL(ITD,1,KZT    ,R       ,TEXT,HALT)
      IF(HALT)                 GOTO 1400
      CALL RECALL(ITD,1,KZS    ,R       ,TEXT,HALT)
      IF(HALT)                 GOTO 1400
      IF (PL1.NE.PL2 .AND. PL2.NE.PL3 .AND. PL1.NE.PL3) GOTO 302
      WRITE(NAM,352) IZE
  352 FORMAT(/,23H ***FALSCHE PLI IN K-NR,I4)
      KZG=0
      KZT=0
      KZS=0
  302 INFF(1)=NMV
      INFF(2)=NMH
      INFF(3)=NMT
      II=INFF(PL1)
      JJ=INFF(PL2)
      KK=INFF(PL3)
      III=1
      CALL INPR(II,I1,III,I2)
      CALL INPR(JJ,J1,III,J2)
      CALL INPR(KK,K1,III,K2)
      LE1=LETTER(PL1+23)
      LE2=LETTER(PL2+23)
      LE3=LETTER(PL3+23)
      WRITE(NAM,353) IZE,LE1,I1,I2,LE2,J1,J2,LE3,K1,K2,KZG,KZT,KZS
  353 FORMAT(1H ,I4,4X,1A1,2(I4),3X,1A1,2(I4),3X,1A1,5(I4))
      PL(IZE,1)=PL1
      PL(IZE,2)=I1
      PL(IZE,3)=I2
      PL(IZE,4)=PL2
      PL(IZE,5)=J1
      PL(IZE,6)=J2
      PL(IZE,7)=PL3
      PL(IZE,8)=K1
      PL(IZE,9)=K2
      PL(IZE,10)=IABS(KZG)
      PL(IZE,11)=IABS(KZT)
  301 PL(IZE,12)=IABS(KZS)
C
C     LAENGENKONFIGURATIONEN EINLESEN, UEBERPRUEFEN UND AUSDRUCKEN
C
      DO 401 I=1,100
      ALX(I)=0.0
      ALY(I)=0.0
  401 ALZ(I)=0.0
      DO 402 I=1,NMGES
  402 NRF(I)=0
C
      WRITE(NAM,40151)
40151 FORMAT(//,38H LAENGENRASTER IN X-,Y- UND Z-RICHTUNG,
     *          //,11H MASCHEN-NR,13X,7HDX IN M,
```

```
      *              13X,7HDY IN M,13X,7HDZ IN M,/)
            CALL RECALL(ITD,1,NRI    ,R        ,TEXT,HALT)
            IF(HALT)                 GOTO 1400
            IF(NRI.GT.NMV) NRI=NMV
            DO 40101 K=1,NRI
            CALL RECALL(ITD,2,I       ,XSZW  ,TEXT,HALT)
            IF(HALT)                 GOTO 1400
            CALL RECALL(ITD,1,IMUV   ,R       ,TEXT,HALT)
            IF(HALT)                 GOTO 1400
            CALL RECALL(ITD,1,DIMV   ,R       ,TEXT,HALT)
            IF(HALT)                 GOTO 1400
            CALL RECALL(ITD,1,IMOV   ,R       ,TEXT,HALT)
            IF(HALT)                 GOTO 1400
            CALL INPR(NMV,IMUV,DIMV,IMOV)
            DO 40102 I=IMUV,IMOV,DIMV
40102 ALX(I)=ABS(XSZW)
40101 CONTINUE
            DO 40103 K=1,NMV
            IF(ALX(K).GT.O.) GOTO 40103
            IAUS =1
            WRITE(NAM,40152) K
40152 FORMAT(/,38H ***DATENFEHLER BEI X-RASTER MIT INDEX,I4)
40103 CONTINUE
C
            CALL RECALL(ITD,1,NRI    ,R       ,TEXT,HALT)
            IF(HALT)                 GOTO 1400
            IF(NRI.GT.NMH) NRI=NMH
            DO 40104 K=1,NRI
            CALL RECALL(ITD,2,I       ,XSZW  ,TEXT,HALT)
            IF(HALT)                 GOTO 1400
            CALL RECALL(ITD,1,IMUV   ,R       ,TEXT,HALT)
            IF(HALT)                 GOTO 1400
            CALL RECALL(ITD,1,DIMV   ,R       ,TEXT,HALT)
            IF(HALT)                 GOTO 1400
            CALL RECALL(ITD,1,IMOV   ,R       ,TEXT,HALT)
            IF(HALT)                 GOTO 1400
            CALL INPR(NMH,IMUV,DIMV,IMOV)
            DO 40105 I=IMUV,IMOV,DIMV
40105 ALY(I)=ABS(XSZW)
40104 CONTINUE
            DO 40106 K=1,NMH
            IF(ALY(K).GT.O.) GOTO 40106
            IAUS =1
            WRITE(NAM,40153) K
40153 FORMAT(/,38H ***DATENFEHLER BEI Y-RASTER MIT INDEX,I4)
40106 CONTINUE
C
            CALL RECALL(ITD,1,NRI    ,R       ,TEXT,HALT)
            IF(HALT)                 GOTO 1400
            IF(NRI.GT.NMT) NRI=NMT
            DO 40107 K=1,NRI
            CALL RECALL(ITD,2,I       ,XSZW  ,TEXT,HALT)
            IF(HALT)                 GOTO 1400
            CALL RECALL(ITD,1,IMUV   ,R       ,TEXT,HALT)
            IF(HALT)                 GOTO 1400
            CALL RECALL(ITD,1,DIMV   ,R       ,TEXT,HALT)
            IF(HALT)                 GOTO 1400
            CALL RECALL(ITD,1,IMOV   ,R       ,TEXT,HALT)
            IF(HALT)                 GOTO 1400
            CALL INPR(NMT,IMUV,DIMV,IMOV)
            DO 40108 I=IMUV,IMOV,DIMV
40108 ALZ(I)=ABS(XSZW)
40107 CONTINUE
            DO 40109 K=1,NMT
            IF(ALZ(K).GT.O.) GOTO 40109
            IAUS =1
            WRITE(NAM,40154) K
40154 FORMAT(/,38H ***DATENFEHLER BEI Z-RASTER MIT INDEX,I4)
40109 CONTINUE
```

```
C
      J=NMH
      IF (NMV.GT.NMH) J=NMV
      IF (NMT.GT.J) J=NMT
      DO 40301 K=1,J
      WRITE(NAM,40351) K
40351 FORMAT(1H ,6X,I4)
      IF (K.LE.NMV) WRITE(NAM,40352) ALX(K)
      IF (K.LE.NMH) WRITE(NAM,40353) ALY(K)
      IF (K.LE.NMT) WRITE(NAM,40354) ALZ(K)
40352 FORMAT(1H+,12X,F18.5)
40353 FORMAT(1H+,32X,F18.5)
40354 FORMAT(1H+,52X,F18.5)
40301 CONTINUE
C
C     FUNKTIONEN EINLESEN, UEBERPRUEFEN UND AUSDRUCKEN
C
 4100 WRITE(NAM,4105)
 4105 FORMAT(//,15H FUNKTIONSLISTE,/)
      CALL RECALL(ITD,1,NMA    ,R      ,TEXT,HALT)
      IF(HALT)              GOTO 1400
      NMA=IABS(NMA)
      K=0
      L=1
      DO 4199 I=1,NMA
      WRITE(NAM,4110) I,LETTER(I)
 4110 FORMAT(1H0,13HFUNKTIONS-NR.,I4,1H-,1A1)
      CALL RECALL(ITD,3,I      ,R      ,UEMA,HALT)
      IF(HALT)              GOTO 1400
      CALL RECALL(ITD,1,NLA    ,R      ,TEXT,HALT)
      IF(HALT)              GOTO 1400
      CALL RECALL(ITD,1,KZT    ,R      ,TEXT,HALT)
      IF(HALT)              GOTO 1400
      CALL RECALL(ITD,1,KZF    ,R      ,TEXT,HALT)
      IF(HALT)              GOTO 1400
      NLA=IABS(NLA)
C
      IF(KZT.LE.3.AND.NLA.EQ.1.OR.KZT.GE.4)              GOTO 4115
      WRITE(NAM,4112) I,KZT
 4112 FORMAT(/,36H *** MEHR ALS 1 WERTEPAAR BEI FKT-NR,I4,
     *           10H MIT KZT =,I4)
C
 4115 CALL DRTEXT(NAM,UEMA)
      DO 4195 J=1,NLA
      K=K+1
      CALL RECALL(ITD,2,I      ,TE     ,TEXT,HALT)
      IF(HALT)              GOTO 1400
      CALL RECALL(ITD,2,I      ,LAMBDA,TEXT,HALT)
      IF(HALT)              GOTO 1400
      IF (J.NE.1) GOTO 4165
      IF(KZT.GE.1.AND.KZT.LE.4.OR.KZT.EQ.30) GOTO 4125
      IAUS=1
      WRITE(NAM,4120) KZT,I
 4120 FORMAT(/,24H ***UNZULAESSIGES KZT =,I4,11H BEI FKT-NR,I4)
      GOTO 4175
 4125 IF(KZT.EQ.1) WRITE(NAM,4130)
 4130 FORMAT(/,6X,5HINDEX,7X,13HDUMMY-GROESSE,12X,8HPHI IN W,
     *           7X,3HKZT,7X,3HKZF,/)
      IF(KZT.EQ.2) WRITE(NAM,4135)
 4135 FORMAT(/,6X,5HINDEX,7X,13HDUMMY-GROESSE,4X,16HTHETAR IN GRAD C,
     *           7X,3HKZT,7X,3HKZF,/)
      IF(KZT.EQ.3) WRITE(NAM,4140)
 4140 FORMAT(/,6X,5HINDEX,7X,13HDUMMY-GROESSE,2X,18HALPHA IN W/(M*M*K),
     *           7X,3HKZT,7X,3HKZF,/)
      IF(KZT.EQ.4) WRITE(NAM,4145)
 4145 FORMAT(/,6X,5HINDEX,5X,15HTHETA IN GRAD C,3X,17HLAMBDA IN W/(M*K),
     *           7X,3HKZT,7X,3HKZF,/)
      IF(KZT.EQ.30) WRITE(NAM,4155)
 4155 FORMAT(/,6X,5HINDEX,14X,6HS IN M,2X,18H1/GRLAM IN M*M*K/W,
```

```
     *               7X,3HKZT,7X,3HKZF,/)
      GOTO 4175
 4165 IF(TE-TEMP(K-1).GT.0.)                      GOTO 4175
      IAUS=1
      WRITE(NAM,4170) I
 4170 FORMAT(31H ***FALLENDE X-WERTE BEI FKT-NR,I4)
 4175 TEMP(K)=TE
      ALAM(K)=LAMBDA
      WRITE (NAM,4180) K,TE,LAMBDA,KZT,KZF
 4180 FORMAT(1H ,I10,2F20.5,2I10)
 4195 CONTINUE
C
      N2MAF(I)=K
      KZF1(I)=KZF
      KZF2(I)=KZT
      CALL SPLIKO(L,K,TEMP,ALAM,A,B,C,D)
      L=K+1
 4199 CONTINUE
C
C     MASCHENKONFIGURATIONEN EINLESEN
C
 4200 WRITE(NAM,4251)
 4251 FORMAT(//,23H MASCHENKONFIGURATIONEN,//,
     *           12H KONFIGUR-NR,
     *           11H KENNZIFFER,
     *           12H FUNKTIONSNR,1X,
     *           15H IMUV DIMV IMOV,
     *           15H JMUH DJMH JMOH,
     *           15H KMUT DKMT KMOT,
     *           12H NRES    NSUM,/)
      CALL RECALL(ITD,1,NMAKO ,R       ,TEXT,HALT)
      IF(HALT)                 GOTO 1400
      NMAKO=IABS(NMAKO)
      DO 4201 I=1,NMAKO
      CALL RECALL(ITD,1,NRM   ,R       ,TEXT,HALT)
      IF(HALT)                 GOTO 1400
      CALL RECALL(ITD,1,IMUV  ,R       ,TEXT,HALT)
      IF(HALT)                 GOTO 1400
      CALL RECALL(ITD,1,DIMV  ,R       ,TEXT,HALT)
      IF(HALT)                 GOTO 1400
      CALL RECALL(ITD,1,IMOV  ,R       ,TEXT,HALT)
      IF(HALT)                 GOTO 1400
      CALL RECALL(ITD,1,JMUH  ,R       ,TEXT,HALT)
      IF(HALT)                 GOTO 1400
      CALL RECALL(ITD,1,DJMH  ,R       ,TEXT,HALT)
      IF(HALT)                 GOTO 1400
      CALL RECALL(ITD,1,JMOH  ,R       ,TEXT,HALT)
      IF(HALT)                 GOTO 1400
      CALL RECALL(ITD,1,KMUT  ,R       ,TEXT,HALT)
      IF(HALT)                 GOTO 1400
      CALL RECALL(ITD,1,DKMT  ,R       ,TEXT,HALT)
      IF(HALT)                 GOTO 1400
      CALL RECALL(ITD,1,KMOT  ,R       ,TEXT,HALT)
      IF(HALT)                 GOTO 1400
      CALL INPR(NMV,IMUV,DIMV,IMOV)
      CALL INPR(NMH,JMUH,DJMH,JMOH)
      CALL INPR(NMT,KMUT,DKMT,KMOT)
      IMU(I)=IMUV
      DIM(I)=DIMV
      IMO(I)=IMOV
      JMU(I)=JMUH
      DJM(I)=DJMH
      JMO(I)=JMOH
      KMU(I)=KMUT
      DKM(I)=DKMT
      KMO(I)=KMOT
      NRMA(I)=NRM
 4201 CONTINUE
C
```

```
C        SORTIEREN DER MASCHENKONFIGURATIONSLISTE NACH KENNZIFFER KZT
C
42000 CALL TAUSCH(1,NMAKO,1)
C
C        ERSTELLUNG ZEIGERFELDER MASCHENKONFIGURATIONEN
C
      DO 42030 I=1,50
      N1KONF(I)=0
      N2KONF(I)=0
42030 CONTINUE
C
      NRM=NRMA(1)
      KZT1=KZF2(NRM)
      N1KONF(KZT1)=1
C
      DO 42050 I=2,NMAKO
      NRM=NRMA(I)
      KZT2=KZF2(NRM)
      IF(KZT2.EQ.KZT1)                        GOTO 42050
      N1KONF(KZT2)=I
      N2KONF(KZT1)=I-1
      KZT1=KZT2
42050 CONTINUE
C
      N2KONF(KZT1)=NMAKO
C
C        SORTIEREN DER MASCHENKONFIGURATIONSLISTE NACH MATERIALNUMMERN
C        BEI GLEICHEM KZT
C
      DO 42100 I=1,50
      IMA=N1KONF(I)
      IME=N2KONF(I)
      IF(IMA.EQ.0)                            GOTO 42100
      CALL TAUSCH(IMA,IME,2)
42100 CONTINUE
C
C        MASCHENKONFIGURATIONEN UEBERPRUEFEN UND AUSDRUCKEN
C
      NSUM=0
      DO 42170 I=1,NMAKO
      NRES=0
      NRM=NRMA(I)
      KZT=KZF2(NRM)
      IMUV=IMU(I)
      DIMV=DIM(I)
      IMOV=IMO(I)
      JMUH=JMU(I)
      DJMH=DJM(I)
      JMOH=JMO(I)
      KMUT=KMU(I)
      DKMT=DKM(I)
      KMOT=KMO(I)
      IF(KZT.EQ.3.OR.KZT.EQ.4.OR.KZT.EQ.30)
     *NRES=((IABS(IMOV)-IABS(IMUV))/IABS(DIMV)+1)*
     *     ((IABS(JMOH)-IABS(JMUH))/IABS(DJMH)+1)*
     *     ((IABS(KMOT)-IABS(KMUT))/IABS(DKMT)+1)
      NSUM=NSUM+NRES
      IF (NRM.GE.1 .AND. NRM.LE.NMA)          GOTO 42112
      IAUS=1
      WRITE(NAM,42104) I
42104 FORMAT(11H IN KONF-NR,I4,18H IST FKT-NR FALSCH)
42112 WRITE(NAM,42113) I,KZT,NRM,IMUV,DIMV,IMOV,JMUH,DJMH,JMOH,
     *                 KMUT,DKMT,KMOT,NRES,NSUM
42113 FORMAT(1H ,2I11,I12,1X,9(1X,I4),1X,I4,1X,I6)
C
      IF(KZT.EQ.1.OR.KZT.EQ.2)                GOTO 42130
      IF((KZT.EQ.3.OR.KZT.EQ.30).AND.
     *   (IMUV.LT.0.OR.JMUH.LT.0.OR.KMUT.LT.0)) GOTO 42130
      IF (KZT.EQ.4.AND.
```

```
      *    (JMUH.GT.O.AND.KMUT.GT.O.OR.
      *     IMUV.GT.O.AND.KMUT.GT.O.OR.
      *     IMUV.GT.O.AND.JMUH.GT.O))                  GOTO 42130
       IAUS=1
       WRITE(NAM,42120) I
42120 FORMAT(38H ***RICHTUNGSVORGABE FALSCH IN KONF-NR,I4)
C
42130 IMUV=IABS(IMUV)
      DIMV=IABS(DIMV)
      IMOV=IABS(IMOV)
      JMUH=IABS(JMUH)
      DJMH=IABS(DJMH)
      JMOH=IABS(JMOH)
      KMUT=IABS(KMUT)
      DKMT=IABS(DKMT)
      KMOT=IABS(KMOT)
      DO 42160 K=IMUV,IMOV,DIMV
      DO 42160 L=JMUH,JMOH,DJMH
      DO 42160 O=KMUT,KMOT,DKMT
      NRPL=K+(L-1)*NMV+(O-1)*NMVH
      NRKON1=NRF(NRPL)
      IF(NRKON1.GT.O)                                GOTO 42140
      NRF(NRPL)=I
      GOTO 42160
42140 NRM1=NRMA(NRKON1)
      KZT1=KZF2(NRM1)
      IF((KZT1.EQ.1.OR.KZT1.EQ.2).AND.
      *    (KZT.EQ.3.OR.KZT.EQ.4))                    GOTO 42150
      IAUS=1
      WRITE(NAM,42145) NRKON1,I,K,L,O
42145 FORMAT(11H ***KONF-NR,I4,4H UND,I4,
      *       29H WIDERSPRECHEN SICH IN KNOTEN,3I4)
      GOTO 42160
42150 NRF(NRPL)=I
42160 CONTINUE
42170 CONTINUE
C
      IF (NSUM.EQ.NMGES)                             GOTO 42175
      IAUS=1
      WRITE(NAM,42172)
42172 FORMAT(//,31H ***NSUM UNGLEICH MASCHENANZAHL)
C
42175 DO 42190 K=1,NMT
      DO 42190 J=1,NMH
      DO 42190 I=1,NMV
      NRPL=I+(J-1)*NMV+(K-1)*NMVH
      NRKONF=NRF(NRPL)
      IF(NRKONF.EQ.O)                                GOTO 42180
      NRM=NRMA(NRKONF)
      KZT=KZF2(NRM)
      IF(KZT.GE.3)                                   GOTO 42190
42180 IAUS=1
      WRITE(NAM,42185) I,J,K
42185 FORMAT(45H ***MATERIALBELEGUNG UNVOLLSTAENDIG IN KNOTEN,3I4)
42190 CONTINUE
C
C     RANDBEDINGUNGEN UEBERPRUEFEN
C
      DO 42300 I=1,NMGES
42300 UHKN(I)=-10000.
C
      NKNI=0
      NKNU=0
      UHALT=0.
      DO 42350 I=1,NMAKO
      NRM=NRMA(I)
      KZT=KZF2(NRM)
      IF(KZT.GT.2)                                   GOTO 42355
      IMUV=IABS(IMU(I))
```

```
      DIMV=IABS(DIM(I))
      IMOV=IABS(IMO(I))
      JMUH=IABS(JMU(I))
      DJMH=IABS(DJM(I))
      JMOH=IABS(JMO(I))
      KMUT=IABS(KMU(I))
      DKMT=IABS(DKM(I))
      KMOT=IABS(KMO(I))
      DO 42340 K=IMUV,IMOV,DIMV
      DO 42340 L=JMUH,JMOH,DJMH
      DO 42340 O=KMUT,KMOT,DKMT
      IF(KZT.NE.1)                              GOTO 42330
      NKNI=NKNI+1
      GOTO 42340
42330 NKNU=NKNU+1
      KK=1
      IF(NRM.GT.1) KK=N2MAF(NRM-1)+1
      YS=ALAM(KK)
      NRPL=K+(L-1)*NMV+(O-1)*NMVH
      UHKN(NRPL)=YS
      UHALT=UHALT+YS
42340 CONTINUE
42350 CONTINUE
C
42355 IF(NKNU.GT.0)                             GOTO 42370
      IAUS=1
      WRITE(NAM,42360)
42360 FORMAT(36H ***TEMPERATURRANDBEDINGUNGEN FEHLEN)
      GOTO 42500
42370 UHALT=UHALT/NKNU
C
C     STEUERPARAMETER UND PROBLEMKENNWERTE AUSDRUCKEN
C
42500 NT=NMGES-NKNU
      WRITE(NAM,42510) NMV,NMH,NMT,NMGES,NKNU,NKNI,NMAXIT,NRFVT,
     *                 EPS,NT,NI,UHALT
42510 FORMAT(//,3X,29HMASCHENANZAHL X-RICHTUNG,NMV=,I10,
     *          /,3X,29HMASCHENANZAHL Y-RICHTUNG,NMH=,I10,
     *          /,3X,29HMASCHENANZAHL Z-RICHTUNG,NMT=,I10,
     *          /,3X,29HMASCHENANZAHL INSGES  ,NMGES=,I10,
     *          /,3X,29HANZAHL DER TEMP.RANDBED,NKNU=,I10,
     *          /,3X,29HANZAHL DER STROMEINSP. ,NKNI=,I10,
     *          /,3X,29HMAX. ANZ. GL.AUFLOES.,NMAXIT=,I10,
     *          /,3X,29HMAX. ANZ. ITER.BLOECKE,NRFVT=,I10,
     *          /,3X,29HABBRUCHFEHLER IN GRAD C ,EPS=,F10.2,
     *          /,3X,29HANZAHL DER UNBEK. TEMPER.,NT=,I10,
     *          /,3X,29HANZAHL DER UNBEK. STROEME,NI=,I10,
     *          /,3X,29HMITTLERE RANDTEMPERATUR TKNM=,F10.2)
C
      IF(IAUS.EQ.1)             GOTO 1400
C
C     EINSPEICHERN DER ANFANGSTEMPERATUREN
C
      DO 43000 NRPL=1,NMGES
      YS=UHKN(NRPL)
      IF(YS.LT.-9999.) UHKN(NRPL)=UHALT
43000 CONTINUE
C
      RETURN
 1400 IAUS=1
      RETURN
 1500 IAUS=-1
      RETURN
      END
C
C---------------------------------------------------------------------
      SUBROUTINE UEBERS(NAM)
C---------------------------------------------------------------------
      INTEGER TEXT
```

```fortran
      COMMON/UE/NR,TEXT(81)
      NAMZ=-NAM
      IF(NAM.LT.0)        GOTO 20
      NAMZ=NAM
      WRITE(NAMZ,10)
   10 FORMAT(1H1)
   20 WRITE(NAMZ,30) NR
   30 FORMAT(50H FORTRAN-PROGRAMM ZUR BERECHNUNG DREIDIM. STATION.,
     *          24H TEMPERATUR- UND WAERME-,/,20H STROMVERTEILUNGEN -,
     *          47H VAX 11/780 - BAM 2.44 - 15.06.83 - PROBLEM-NR.,I7)
      CALL DRTEXT(NAMZ,TEXT)
      RETURN
      END
C
C---------------------------------------------------------------------
      SUBROUTINE DRTEXT(NAM,FELD)
C---------------------------------------------------------------------
      INTEGER FELD
      DIMENSION FELD(81)
      LFELD=FELD(1)
      IF(LFELD.LT.2)       RETURN
      WRITE(NAM,12) (FELD(I),I=2,LFELD)
   12 FORMAT(1H ,80A1)
      RETURN
      END
C
C---------------------------------------------------------------------
      SUBROUTINE INTRA(I,J,K,PL1,PL2,PL3,II,JJ,KK)
C---------------------------------------------------------------------
      INTEGER PL1,PL2,PL3
      DIMENSION INF(3)
      INF(PL1)=I
      INF(PL2)=J
      INF(PL3)=K
      II=INF(1)
      JJ=INF(2)
      KK=INF(3)
      RETURN
      END
C
C---------------------------------------------------------------------
      SUBROUTINE RECALL(DN,KZ,IN,RE,TE,FL)
C---------------------------------------------------------------------
      INTEGER IS,IZ,TE(81),S1,S2,S3,STERN
      INTEGER DN
      LOGICAL FL,DP,EX,ST
      COMMON/DEA/IZ(28),IS(80),NS
      COMMON NAM
C
  100 DP=.FALSE.
      EX=DP
      ST=DP
      FL=DP
      STERN=0
      R=0.
      I=0
      NEXP=0
      NPKT=0
      MFAKT=1
      NFAKT=1
  200 CALL SYMBOL(DN,S1)
      IF(KZ.LT.4)                             GOTO 250
  210 IF(S1.EQ.IZ(26))                        GOTO 600
      IF(STERN.NE.1)                          GOTO 230
      NS=0
                                              GOTO 700
C     BLOCKANFANG /* GEFUNDEN
  230 NS=80
      CALL SYMBOL(DN,S1)
```

```
                                                    GOTO 210
C       ALLE DATEN WERDEN UEBERLESEN, SOLANGE BIS / GEFUNDEN WIRD
  250 IF(S1.NE.IZ(26))                              GOTO 260
      NS=0
  251 WRITE(NAM,252)
  252 FORMAT(1H0,'FALSCHE KENNZIFFER')
  253 FL=.TRUE.
                                                    GOTO 700

  260 IF(S1.NE.IZ(11).AND.S1.NE.IZ(12))             GOTO 265
  263 IF(ST)                                        GOTO 300
                                                    GOTO 200
C       BLANK, TRENNZEICHEN OD. ZEILENWECHSEL GESUCHT
  265 IF(S1.NE.IZ(19))                              GOTO 270
      IF(EX)                          NFAKT=-1
      IF(.NOT.EX)                     MFAKT=-1
      ST=.TRUE.
                                                    GOTO 200
C       NEGATIVES ZEICHEN
  270 IF(S1.NE.IZ(13))                              GOTO 275
      IF(KZ.NE.2)                                   GOTO 251
      DP=.TRUE.
      ST=DP
C       PUNKT GEFUNDEN
                                                    GOTO 200
  275 IF(S1.NE.IZ(25).AND.S1.NE.IZ(23).AND.S1.NE.IZ(24)) GOTO 280
      IF(KZ.NE.2)                                   GOTO 251
      EX=.TRUE.
      ST=EX
C       EXPONENT E, % OD. ! GEFUNDEN
      IF(I.EQ.0)                      I=1
                                                    GOTO 200
  280 IF(S1.EQ.IZ(20))                              GOTO 400
C       HOCHSTRICH FUER KOMMENTAR ODER TEXT GEFUNDEN
      DO 282 J=1,10
      IF(S1.EQ.IZ(J))                               GOTO 284
  282 CONTINUE
      WRITE(NAM,283) S1
  283 FORMAT(1H0,'DATENFEHLER: FALSCHE ZEICHEN=',1A1)
                                                    GOTO 100
  284 S1=J-1
  285 ST=.TRUE.
      IF(.NOT.EX)                                   GOTO 288
      NEXP=NEXP*10+S1
C       ANZAHL DER STELLEN FUER DEN EXPONENTEN
                                                    GOTO 200
  288 IF(DP)                          NPKT=NPKT+1
C       ANZAHL DER STELLEN HINTER DEM KOMMA
      II=IFIX((9 999 999-S1)/10.)
      IF(I.LE.II)                                   GOTO 289
      WRITE(NAM,286)
  286 FORMAT(1H0,'DATENFEHLER: MEHR ALS 7STELLIGE ZAHL')
                                                    GOTO 253
  289 I=I*10+S1
C       BERECHNUNG DER INTEGER-ZAHL
                                                    GOTO 200
  300 R=MFAKT*I*10.0**(NFAKT*NEXP-NPKT)
      IF(KZ.NE.1)                                   GOTO 310
C       BERECHNUNG DER ZAHL, FALLS KZ=1, INTEGER-TYP
      IN=R
                                                    GOTO 700
  310 IF(KZ.NE.2)                                   GOTO 251
C       BERECHNUNG DER ZAHL, FALLS KZ=2, REAL-TYP
      RE=R
                                                    GOTO 700
  400 CALL SYMBOL(DN,S2)
      CALL SYMBOL(DN,S3)
C       IDENTIFIZIERUNG DES TEXTANFANGS
      IF(S2.NE.IZ(21).OR.S3.NE.IZ(20))              GOTO 500
      IF(KZ.NE.3)                                   GOTO 251
```

```
      L=1
      NTE=1
  410 S1=S2
      S2=S3
      CALL SYMBOL(DN,S3)
C     INDENTIFIZIERUNG DES TEXTENDES
      IF(S1.NE.IZ(20).OR.S2.NE.IZ(22).OR.S3.NE.IZ(20)) GOTO 420
      L=L-1
      IF(L.GT.0)                                    GOTO 420
      TE(1)=NTE-2
                                                    GOTO 700
C     IDENTIFIZIERUNG DES TEXTANFANGS INNERHALB DES TEXTES
  420 IF(S1.EQ.IZ(20).AND.S2.EQ.IZ(21).AND.S3.EQ.IZ(20)) L=L+1
      NTE=NTE+1
      TE(NTE)=S3
                                                    GOTO 410
  500 IF(S2.NE.IZ(17).OR.S3.NE.IZ(18))              GOTO 520
  510 CALL SYMBOL(DN,S3)
      IF(S3.EQ.IZ(28))                              GOTO 100
C     KOMMENTAR UEBERLESEN
                                                    GOTO 510
  520 WRITE(NAM,522)S2,S3
  522 FORMAT(1H0,'DATENFEHLER:  ',1A1,1X,1A1)
                                                    GOTO 253
  600 CALL SYMBOL(DN,S2)
      IF(S2.NE.IZ(27))                              GOTO 650
C     * GEFUNDEN
      IF(STERN.EQ.1)                                GOTO 253
C     /*
C     /* GEFUNDEN
      CALL SYMBOL(DN,S3)
      IF(KZ.NE.4)                                   GOTO 610
      IF(S3.EQ.IZ(11))                              STERN=1
C     ZEICHENKOMBINATION /* GEFUNDEN
      NS=80
                                                    GOTO 200
  610 IF(S3.NE.IZ(11))                              GOTO 620
      NS=0
                                                    GOTO 253
  620 NS=80
      DO 630 J=6,10
      IF(S3.EQ.IZ(J))                               GOTO 640
  630 CONTINUE
  640 S3=J-1
      IF(S3.EQ.KZ)                                  GOTO 700
C     /*KZ GEFUNDEN
                                                    GOTO 200
  650 WRITE(NAM,652) S2
  652 FORMAT(1H0,'DATENFEHLER: FALSCHE ZEICHEN=/',1A1)
                                                    GOTO 200
  700 RETURN
      END
C
C-----------------------------------------------------------------------
      SUBROUTINE SYMBOL(DN,S)
C-----------------------------------------------------------------------
      INTEGER S,IS,IZ
      INTEGER DN
      COMMON/DEA/IZ(28),IS(80),NS
C
      NS=NS+1
      IF(NS.LE.80)                                  GOTO 10
      READ(DN,100) (IS(I),I=1,80)
  100 FORMAT(80A1)
      NS=1
   10 S=IS(NS)
      RETURN
      END
C
```

```
C-----------------------------------------------------------------------
      SUBROUTINE INPR(NI,I1,DI,I2)
C-----------------------------------------------------------------------
      INTEGER DI,DII
      II1=I1
      DII=DI
      II2=I2
      IF (I1.EQ.0) II1=1
      IF (DI.EQ.0) DII=1
      IF (I2.EQ.0) II2=1
      NIPOS=IABS(NI)
      IF (IABS(II1).GT.NIPOS) II1=NIPOS*ISIGN(1,II1)
      IF (IABS(II2).GT.NIPOS) II2=NIPOS*ISIGN(1,II2)
      IF (IABS(II2).GE.IABS(II1))                  GOTO 10
      DII=II1
      II2=II1
   10 IF(II1.GE.0.AND.DII.GE.0.AND.II2.GE.0)       GOTO 20
      II1=-IABS(II1)
      DII=-IABS(DII)
      II2=-IABS(II2)
   20 I1=II1
      DI=DII
      I2=II2
      RETURN
      END
C
C-----------------------------------------------------------------------
      SUBROUTINE TAUSCH(N1,N2,KZ)
C-----------------------------------------------------------------------
      COMMON/WID/ ALX(100),ALY(100),ALZ(100),
     *            N2MAF(100),TEMP(100),ALAM(100),KZF1(100),
     *            KZF2(100),A(100),B(100),C(100),D(100),
     *            NRMA(250),IMU(250),DIM(250),IMO(250),JMU(250),
     *            DJM(250),JMO(250),KMU(250),DKM(250),KMO(250)
C
      N=N2-N1
      IF(N.EQ.0)                                   RETURN
      DO 100 I=1,N
      ISORT=1
      N3=N2-I
      NRM1=NRMA(N1)
      KZT1=KZF2(NRM1)
      IF(KZ.EQ.1) IVGL1=KZT1
      IF(KZ.EQ.2) IVGL1=NRM1
C
      DO 50 K=N1,N3
      II=K+1
      NRM2=NRMA(II)
      KZT2=KZF2(NRM2)
      IF(KZ.EQ.1) IVGL2=KZT2
      IF(KZ.EQ.2) IVGL2=NRM2
      IF(IVGL2.GE.IVGL1)                           GOTO 40
C
      NRM=NRMA(K)
      NRMA(K)=NRMA(II)
      NRMA(II)=NRM
C
      IMUV=IMU(K)
      IMU(K)=IMU(II)
      IMU(II)=IMUV
C
      DIMV=DIM(K)
      DIM(K)=DIM(II)
      DIM(II)=DIMV
C
      IMOV=IMO(K)
      IMO(K)=IMO( I)
      IMO(II)=IMO,
C
```

```
      JMUH=JMU(K)
      JMU(K)=JMU(II)
      JMU(II)=JMUH
C
      DJMH=DJM(K)
      DJM(K)=DJM(II)
      DJM(II)=DJMH
C
      JMOH=JMO(K)
      JMO(K)=JMO(II)
      JMO(II)=JMOH
C
      KMUT=KMU(K)
      KMU(K)=KMU(II)
      KMU(II)=KMUT
C
      DKMT=DKM(K)
      DKM(K)=DKM(II)
      DKM(II)=DKMT
C
      KMOT=KMO(K)
      KMO(K)=KMO(II)
      KMO(II)=KMOT
C
      ISORT=0
      GOTO 50
   40 IVGL1=IVGL2
   50 CONTINUE
      IF(ISORT.EQ.1)                           RETURN
  100 CONTINUE
C
      RETURN
      END
C
C-----------------------------------------------------------------------
      SUBROUTINE GLAUF
C-----------------------------------------------------------------------
      INTEGER DIM,DJM,DKM,DIMV,DJMH,DKMT,TEXT
      INTEGER O,P,PL1,PL2,PL3
      REAL LAMBDA
      DIMENSION AH(6000),UHKNS(6000)
      LOGICAL EINMAL,EXTRAP
      COMMON/UE/   NR,TEXT(81)
      COMMON/GN/   NMV,NMH,NMT,NMVH,NMA,NMAKO
      COMMON/GM/   RXM,RYM,RZM
      COMMON/GBW/  RX,RY,RZ
      COMMON/WID1/UHKN(6000)
      COMMON/WID/  ALX(100),ALY(100),ALZ(100),
     *             N2MAF(100),TEMP(100),ALAM(100),KZF1(100),
     *             KZF2(100),A(100),B(100),C(100),D(100),
     *             NRMA(250),IMU(250),DIM(250),IMO(250),JMU(250),
     *             DJM(250),JMO(250),KMU(250),DKM(250),KMO(250)
      COMMON/GLOE/NORG,NRED,NPVT,XS,
     *        NEQ,NBLOK,MAXC,NSB,NUMBLK,NUMCOL,NCOL(500)
      COMMON NAM,IAUS,EXTRAP,EPS,IRFVT,NRFVT,ITER,NMAXIT
C
      REWIND NORG
      DIFMAX=0.0
      NBAND=NMVH+1
      IF(NMT.EQ.1) NBAND=NMV+1
C
      NSB=6000
      NUMBLK=500
      NUMCOL=500
      NEQ=NMVH*NMT
      EINMAL=.FALSE.
      IF(ITER.GT.1.OR.IRFVT.GT.1) EINMAL=.TRUE.
      IF(EINMAL)                               GOTO 11100
      WRITE(NAM,11151) NEQ,NBAND,NSB
```

```
11151 FORMAT(32H     ANZAHL DER GLN INSGES    ,NEQ=,I10,
     *       /,32H     HALBE BANDBR. PLUS DIG,NBAND=,I10,
     *       /,32H     KERNSP.ANZAHL PRO BLOCK ,NSB=,I10)
11100 IF(NEQ.LE.NSB)                                   GOTO 12200
      IAUS=1
      WRITE(NAM,11152) NSB
11152 FORMAT(//,39H ***ANZAHL DER GLEICHUNGEN GROESSER ALS,I5)
      RETURN
12200 NMV1=NMV+1
      NMVH1=NMVH+1
      DO 12201 KKK=1,NSB
      UHKNS(KKK)=0.
12201 AH(KKK)=0.0
      NBLOK=0
      NCB=0
      NEQZW=0
      NKOEFF=0
      KZTM=0
C
      DO 12203 O=1,NMT
      DO 12203 L=1,NMH
      DO 12203 K=1,NMV
      GO=0.0
      GU=0.0
      GL=0.0
      GR=0.0
      GH=0.0
      GT=0.0
      KZTO=KZTM
      NEQZW=NEQZW+1
      CALL VOLIJK(1,2,1,NMAKO,K,L,O,NRJM,NRMM,KZTM)
      LCOL=1
      IF(NEQZW.EQ.1)                                   GOTO 12202
      IF(KZTM.EQ.2)                                    GOTO 12217
      IF(O.EQ.1)                                       GOTO 12216
      LCOL=NMVH1
      CALL VOLIJK(1,2,1,NMAKO,K,L,O-1,NRJ,NRMH,KZTH)
      IF(KZTH.NE.2)                                    GOTO 12202
12216 IF(L.EQ.1)                                       GOTO 12217
      LCOL=NMV1
      CALL VOLIJK(1,2,1,NMAKO,K,L-1,O,NRJ,NRML,KZTL)
      IF(KZTL.NE.2)                                    GOTO 12202
12217 LCOL=2
12202 NAH=NKOEFF+LCOL+NCB+1
      IF(NCB+1.LE.NUMCOL.AND.NAH.LE.NSB)               GOTO 12205
      NBLOK=NBLOK+1
      IF(NBLOK.LE.NUMBLK)                              GOTO 12212
      IAUS=1
      WRITE(NAM,12304) NUMBLK
      RETURN
12212 NCOL(NBLOK)=NCB
      WRITE(NORG) AH
      NCB=0
      NKOEFF=0
      DO 12204 KKK=1,NSB
12204 AH(KKK)=0.
12205 NCB=NCB+1
      NKOEFF=NKOEFF+LCOL
      KK=1
      IF(NRMM.GT.1) KK=N2MAF(NRMM-1)+1
      IF(KZTM.NE.2)                                    GOTO 12206
      SUMPR=1.0
      SUMRR=ALAM(KK)
      GOTO 12300
12206 CALL WIDER(K,L,O)
      RXM=RX
      RYM=RY
      RZM=RZ
      SUMRR=0.0
```

```
      SUMPR=0.0
      IF(KZTM.EQ.1)       SUMRR=SUMRR+ALAM(KK)
      IF(K.EQ.1)                                  GOTO 12207
      CALL G(K  ,L,O,1,GO)
      NRPL=NEQZW-1
      SUMPR=SUMPR+GO
12218 IF(KZTO.NE.2)                               GOTO 12213
      SUMRR=SUMRR+GO*UHKN(NRPL)
      GOTO 12207
12213 KKK=NKOEFF-1
      AH(KKK)=-GO
12207 IF(K.EQ.NMV)                                GOTO 12208
      CALL G(K,L,O,2,GU)
      SUMPR=SUMPR+GU
      NRPL=NEQZW+1
      CALL VOLIJK(1,2,1,NMAKO,K+1,L,O,NRJ,NRMU,KZTU)
      IF(KZTU.EQ.2) SUMRR=SUMRR+GU*UHKN(NRPL)
12208 IF(L.EQ.1)                                  GOTO 12209
      CALL G(K,L  ,O,3,GL)
      SUMPR=SUMPR+GL
      NRPL=NEQZW-NMV
      IF(LCOL.EQ.NMV1)                            GOTO 12219
      CALL VOLIJK(1,2,1,NMAKO,K,L-1,O,NRJ,NRML,KZTL)
12219 IF(KZTL.NE.2)                               GOTO 12214
      SUMRR=SUMRR+GL*UHKN(NRPL)
      GOTO 12209
12214 KKK=NKOEFF-NMV
      AH(KKK)=-GL
12209 IF(L.EQ.NMH)                                GOTO 12210
      CALL G(K,L,O,4,GR)
      SUMPR=SUMPR+GR
      NRPL=NEQZW+NMV
      CALL VOLIJK(1,2,1,NMAKO,K,L+1,O,NRJ,NRMR,KZTR)
      IF(KZTR.EQ.2) SUMRR=SUMRR+GR*UHKN(NRPL)
12210 IF(O.EQ.1)                                  GOTO 12211
      CALL G(K,L,O  ,5,GH)
      SUMPR=SUMPR+GH
      NRPL=NEQZW-NMVH
      IF(LCOL.EQ.NMVH1)                           GOTO 12220
      CALL VOLIJK(1,2,1,NMAKO,K,L,O-1,NRJ,NRMH,KZTH)
12220 IF(KZTH.NE.2)                               GOTO 12215
      SUMRR=SUMRR+GH*UHKN(NRPL)
      GOTO 12211
12215 KKK=NKOEFF-NMVH
      AH(KKK)=-GH
12211 IF(O.EQ.NMT)                                GOTO 12300
      CALL G(K,L,O,6,GT)
      SUMPR=SUMPR+GT
      NRPL=NEQZW+NMVH
      CALL VOLIJK(1,2,1,NMAKO,K,L,O+1,NRJ,NRMT,KZTT)
      IF(KZTT.EQ.2) SUMRR=SUMRR+GT*UHKN(NRPL)
C
12300 UHKNS(NEQZW)=SUMRR
      AH(NKOEFF)=SUMPR
      IF(NCB.EQ.1)                                GOTO 12302
      NCBO=NCB-1
      IADR1=NSB-NCB+1
      DO 12301 KKK=1,NCBO
      IADR =IADR1
      IADR1=IADR1+1
12301 AH(IADR)=AH(IADR1)
12302 AH(NSB)=NKOEFF
12203 CONTINUE
C     ENDE O, L, K-LAUFANWEISUNG
C
      NBLOK=NBLOK+1
      IF(EINMAL)                                  GOTO 12306
      WRITE(NAM,12303) NBLOK
12303 FORMAT(32H   ANZAHL DER BLOECKE        ,NBLOK=,I10)
```

```
12306 IF(NBLOK.LE.NUMBLK)                            GOTO 12305
      IAUS=1
      WRITE(NAM,12304) NUMBLK
12304 FORMAT(//,35H ***ANZAHL DER BLOECKE GROESSER ALS,I5)
      RETURN
C
12305 WRITE(NORG) AH
      WRITE(NORG) UHKNS
      NCOL(NBLOK)=NCB
C
      MAXC=0
      DO 12400 I=1,NBLOK
      N=NCOL(I)
      IF(MAXC.LT.N)        MAXC=N
12400 CONTINUE
      IF(EINMAL)                                      RETURN
      WRITE(NAM,12401) MAXC
12401 FORMAT(32H   GROESSTE SPALTENANZAHL ,MAXC=,I10)
      RETURN
      END
C
C----------------------------------------------------------------------
      SUBROUTINE G(I,J,K,IRKZ,GE)
C----------------------------------------------------------------------
      COMMON/GM/ RXM,RYM,RZM
      COMMON/GN/ NMV,NMH,NMT,NMVH
      COMMON/GBW/ RX,RY,RZ
C
      II=I
      JJ=J
      KK=K
      GE=0.0
      GOTO (10,20,40,50,70,80), IRKZ
C     1.OBEN
   10 II=I-1
      IF(II.LT.1)                                     RETURN
      GOTO 30
C     2.UNTEN
   20 II=I+1
      IF(II.GT.NMV)                                   RETURN
C     3.OBUN
   30 CALL WIDER(II,JJ,KK)
      SUM=RXM+RX
      GOTO 100
C     4.LINKS
   40 JJ=J-1
      IF (JJ.LT.1)                                    RETURN
      GOTO 60
C     5.RECHTS
   50 JJ=J+1
      IF (JJ.GT.NMH)                                  RETURN
C     6.LIRE
   60 CALL WIDER(II,JJ,KK)
      SUM=RYM+RY
      GOTO 100
C     7.HOCH
   70 KK=K-1
      IF (KK.LT.1)                                    RETURN
      GOTO 90
C     8.TIEF
   80 KK=K+1
      IF (KK.GT.NMT)                                  RETURN
C     9.HOTI
   90 CALL WIDER(II,JJ,KK)
      SUM=RZM+RZ
C     10.BEEND
  100 IF (SUM-1.0E-30) 110,120,120
  110 GE=1.0E30
      RETURN
```

```fortran
  120 GE=1/SUM
      RETURN
      END
C
C-----------------------------------------------------------------------
      SUBROUTINE WIDER(I,J,K)
C-----------------------------------------------------------------------
      INTEGER DIM,DJM,DKM
      COMMON/GBW/ RX,RY,RZ
      COMMON/WID1/UHKN(6000)
      COMMON/WID/ ALX(100),ALY(100),ALZ(100),
     *            N2MAF(100),TEMP(100),ALAM(100),KZF1(100),
     *            KZF2(100),A(100),B(100),C(100),D(100),
     *            NRMA(250),IMU(250),DIM(250),IMO(250),JMU(250),
     *            DJM(250),JMO(250),KMU(250),DKM(250),KMO(250)
      COMMON/GN/ NMV,NMH,NMT,NMVH,NMA,NMAKO
      COMMON NAM,IAUS,EXTRAP
C
      RX=1.0E30
      RY=1.0E30
      RZ=1.0E30
      CALL VOLIJK(3,30,1,NMAKO,I,J,K,NRKONF,NRM,KZT)
      ELX=ALX(I)
      ELY=ALY(J)
      ELZ=ALZ(K)
      N1=1
      IF(NRM.GT.1) N1=N2MAF(NRM-1)+1
      N2=N2MAF(NRM)
C
      IF(KZT.NE.3)                                      GOTO 100
      ALPHA=ALAM(N1)
      RZW=1.E30
      IF(ABS(ALPHA).GT.1.E-30) RZW=ABS(1/ALPHA)
      IF(IMU(NRKONF).LT.0) RX=RZW/ELY/ELZ
      IF(JMU(NRKONF).LT.0) RY=RZW/ELX/ELZ
      IF(KMU(NRKONF).LT.0) RZ=RZW/ELX/ELY
      RETURN
C
  100 IF(KZT.NE.4)                                      GOTO 3000
      IJK=I+(J-1)*NMV+(K-1)*NMVH
      UHKNM=UHKN(IJK)
      CALL SPLINE(N1,N2,TEMP,A,B,C,D,UHKNM,ALAMBD,EXTRAP)
      RZW=1.E30
      IF(ABS(ALAMBD).GT.1.E-30) RZW=0.5*ABS(1/ALAMBD)
      IF(IMU(NRKONF).GT.0)                              GOTO 200
      RX=RZW*ELX/ELY/ELZ
      RETURN
  200 IF(JMU(NRKONF).GT.0)                              GOTO 300
      RY=RZW*ELY/ELX/ELZ
      RETURN
  300 IF(KMU(NRKONF).GT.0)                              GOTO 400
      RZ=RZW*ELZ/ELX/ELY
      RETURN
  400 RX=RZW*ELX/ELY/ELZ
      RY=RZW*ELY/ELX/ELZ
      RZ=RZW*ELZ/ELX/ELY
      RETURN
C
C     EDGRLA=1/GROSSLAMBDA=F(S)
C     LAMBDAGES=SGES/EDGRLA
 3000 IF(KZT.NE.30)                                     GOTO 9000
      IF(IMU(NRKONF).GT.0)                              GOTO 3200
      CALL SUCHS(I,J,K,1,IMIN,IMAX,SGES)
      IF(SGES.LT.1.E-10)                                RETURN
      CALL SPLINE(N1,N2,TEMP,A,B,C,D,SGES,EDGRLA,EXTRAP)
      RZW=0.5*ABS(EDGRLA/SGES)
      RX=RZW*ELX/ELY/ELZ
 3200 IF(JMU(NRKONF).GT.0)                              GOTO 3300
      CALL SUCHS(I,J,K,2,IMIN,IMAX,SGES)
```

```
      IF(SGES.LT.1.E-10)                                RETURN
      CALL SPLINE(N1,N2,TEMP,A,B,C,D,SGES,EDGRLA,EXTRAP)
      RZW=0.5*ABS(EDGRLA/SGES)
      RY=RZW*ELY/ELX/ELZ
 3300 IF(KMU(NRKONF).GT.0)                              RETURN
      CALL SUCHS(I,J,K,3,IMIN,IMAX,SGES)
      IF(SGES.LT.1.E-10)                                RETURN
      CALL SPLINE(N1,N2,TEMP,A,B,C,D,SGES,EDGRLA,EXTRAP)
      RZW=0.5*ABS(EDGRLA/SGES)
      RZ=RZW*ELZ/ELX/ELY
      RETURN
C
 9000 WRITE(NAM,9100) NRM,KZT
 9100 FORMAT(10H ***FKT-NR,I4,9H MIT KZT=,I4,
     *          28H IN UP WIDER NICHT DEFINIERT)
      RETURN
      END
C
C-------------------------------------------------------------------------
      SUBROUTINE VOLIJK(KZTA,KZTE,IMA,IME,I,J,K,NRKONF,NRM,KZT)
C-------------------------------------------------------------------------
      INTEGER DIM,DJM,DKM,DIMV,DJMH,DKMT
      COMMON/WID/ ALX(100),ALY(100),ALZ(100),
     *            N2MAF(100),TEMP(100),ALAM(100),KZF1(100),
     *            KZF2(100),A(100),B(100),C(100),D(100),
     *            NRMA(250),IMU(250),DIM(250),IMO(250),JMU(250),
     *            DJM(250),JMO(250),KMU(250),DKM(250),KMO(250)
C
C     SUCHBEREICH KZT VON KZTA BIS KZTE
C
      DI=1
      IF(IMA.GT.IME) DI=-1
      II=IMA
   10 NRKONF=II
      NRM=NRMA(NRKONF)
      KZT=KZF2(NRM)
      IF((KZT-KZTA)*DI.LT.0)                            GOTO 100
      IF((KZT-KZTE)*DI.GT.0)                            GOTO 110
C
      IMUV=IABS(IMU(II))
      IF(I.LT.IMUV)                                     GOTO 100
      IMOV=IABS(IMO(II))
      IF(I.GT.IMOV)                                     GOTO 100
      DIMV=IABS(DIM(II))
      IZW=I-IMUV
      IF(MOD(IZW,DIMV).NE.0)                            GOTO 100
C
      JMUH=IABS(JMU(II))
      IF(J.LT.JMUH)                                     GOTO 100
      JMOH=IABS(JMO(II))
      IF(J.GT.JMOH)                                     GOTO 100
      DJMH=IABS(DJM(II))
      JZW=J-JMUH
      IF(MOD(JZW,DJMH).NE.0)                            GOTO 100
C
      KMUT=IABS(KMU(II))
      IF(K.LT.KMUT)                                     GOTO 100
      KMOT=IABS(KMO(II))
      IF(K.GT.KMOT)                                     GOTO 100
      DKMT=IABS(DKM(II))
      KZW=K-KMUT
      IF(MOD(KZW,DKMT).EQ.0)                            RETURN
  100 II=II+DI
      IF((II-IME)*DI.LE.0)                              GOTO 10
C
C     VOLUMENELEMENT IM VORGEGEBENEM KZT-BEREICH NICHT GEFUNDEN
  110 NRKONF=0
      NRM=0
      KZT=0
```

```fortran
      RETURN
      END
C
C---------------------------------------------------------------------
      SUBROUTINE SUCHS(I,J,K,IRKZ,IMIN,IMAX,SGES)
C---------------------------------------------------------------------
      INTEGER DIM,DJM,DKM
      DIMENSION INF(3),NMVHTF(3)
      COMMON/GN/ NMV,NMH,NMT,NMVH,NMA,NMAKO
      COMMON/WID/ ALX(100),ALY(100),ALZ(100),
     *            N2MAF(100),TEMP(100),ALAM(100),KZF1(100),
     *            KZF2(100),A(100),B(100),C(100),D(100),
     *            NRMA(250),IMU(250),DIM(250),IMO(250),JMU(250),
     *            DJM(250),JMO(250),KMU(250),DKM(250),KMO(250)
      COMMON NAM,IAUS
C
      INF(1)=I
      INF(2)=J
      INF(3)=K
      NMVHTF(1)=NMV
      NMVHTF(2)=NMH
      NMVHTF(3)=NMT
      IMIN=INF(IRKZ)
      IMAX=INF(IRKZ)
      SGES=0.
      CALL VOLIJK(30,30,NMAKO,1,I,J,K,NRKONF,NRM,KZT)
C
   10 INF(IRKZ)=INF(IRKZ)+1
      IF(INF(IRKZ).GT.NMVHTF(IRKZ))              GOTO 80
      II=INF(1)
      JJ=INF(2)
      KK=INF(3)
      CALL VOLIJK(30,4,NMAKO,1,II,JJ,KK,NRKONF,NRMM,KZT)
      IF(NRMM.EQ.0)                             GOTO 80
      IF(NRM.EQ.NRMM)                           GOTO 10
      IMAX=INF(IRKZ)-1
      INF(1)=I
      INF(2)=J
      INF(3)=K
C
   20 INF(IRKZ)=INF(IRKZ)-1
      IF(INF(IRKZ).LT.1)                        GOTO 80
      II=INF(1)
      JJ=INF(2)
      KK=INF(3)
      CALL VOLIJK(30,4,NMAKO,1,II,JJ,KK,NRKONF,NRMM,KZT)
      IF(NRMM.EQ.0)                             GOTO 80
      IF(NRM.EQ.NRMM)                           GOTO 20
      IMIN=INF(IRKZ)+1
C
      DO 50 IJK=IMIN,IMAX
      IF(IRKZ.EQ.1)    SGES=ALX(IJK)+SGES
      IF(IRKZ.EQ.2)    SGES=ALY(IJK)+SGES
      IF(IRKZ.EQ.3)    SGES=ALZ(IJK)+SGES
   50 CONTINUE
      RETURN
C
   80 IAUS=1
      WRITE(NAM,90) (INF(IJK),IJK=1,3)
   90 FORMAT(31H ***HOHLRAUM BEI VOL.-EL. I,J,K,3I4,2X,
     *          27H IST NACH EINER SEITE OFFEN)
      RETURN
      END
C
C---------------------------------------------------------------------
      SUBROUTINE SPLIKO(N1,N2,X,F,A,B,C,D)
C---------------------------------------------------------------------
      DIMENSION X(1),F(1),A(1),B(1),C(1),D(1)
C
```

```
      IF(N1.NE.N2)                                  GOTO 50
      A(N2)=F(N2)
      B(N2)=0.
      C(N2)=0.
      D(N2)=0.
      RETURN
C
   50 M1=N1+1
      M2=N2-1
      S=0.
      DO 100 I=N1,M2
      D(I)=X(I+1)-X(I)
      R=(F(I+1)-F(I))/D(I)
      C(I)=R-S
  100 S=R
      S=0.
      R=0.
      C(N1)=0.
      C(N2)=0.
      IF(M1.GT.M2)                                  GOTO 125
      DO 110 I=M1,M2
      C(I)=C(I)+R*C(I-1)
      B(I)=(X(I-1)-X(I+1))*2.-R*S
      S=D(I)
  110 R=S/B(I)
      K=M2
  120 C(K)=(D(K)*C(K+1)-C(K))/B(K)
      K=K-1
      IF(K.GE.M1)                                   GOTO 120
  125 DO 130 I=N1,M2
      S=D(I)
      R=C(I+1)-C(I)
      D(I)=R/S
      C(I)=C(I)*3.
      B(I)=(F(I+1)-F(I))/S-(C(I)+R)*S
  130 A(I)=F(I)
      A(N2)=F(N2)
      RETURN
      END
C
C-----------------------------------------------------------------------
      SUBROUTINE SPLINE(N1,N2,X,A,B,C,D,XS,YS,EXTRAP)
C-----------------------------------------------------------------------
      DIMENSION X(1),A(1),B(1),C(1),D(1)
      LOGICAL EXTRAP
C
      IF(N1.NE.N2)                                  GOTO 5
      YS=A(N1)
      RETURN
C
    5 P=X(N1)
      Q=X(N2)
      IF(XS.GT.P)                                   GOTO 10
      YS=A(N1)
      IF(P-XS.LT.1.E-6)                             RETURN
      EXTRAP=.TRUE.
      RETURN
C
   10 IF(XS.LT.Q)                                   GOTO 20
      YS=A(N2)
      IF(XS-Q.LT.1.E-6)                             RETURN
      EXTRAP=.TRUE.
      RETURN
C
   20 K=N1-1
   50 I=K
      K=K+1
      IF(XS.GE.X(K).AND.K .LT.N2)                    GOTO 50
      Q=XS-X(I)
```

```fortran
      YS=((D(I)*Q+C(I))*Q+B(I))*Q+A(I)
      RETURN
      END
C
C------------------------------------------------------------------------
      SUBROUTINE GLOES
C------------------------------------------------------------------------
      INTEGER TEXT
      LOGICAL EXTRAP
      DIMENSION AH(6000),UHKNS(6000),PIVOT(500)
      COMMON/UE/  NR,TEXT(81)
      COMMON/WID1/UHKN(6000)
      COMMON/GLOE/NORG,NRED,NPVT,XS,
     *         NEQ,NBLOK,MAXC,NSB,NUMBLK,NUMCOL,NCOL(500)
      COMMON NAM,IAUS,EXTRAP,EPS,IRFVT,NRFVT,ITER,NMAXIT
      EQUIVALENCE(AH,PIVOT)
C
      CALL OPTBLK(UHKNS,AH,PIVOT,NCOL,NEQ,NBLOK,NSB,MAXC,NORG,NRED,
     *            NPVT,1)
      READ(NORG) UHKNS
      CALL OPTBLK(UHKNS,AH,PIVOT,NCOL,NEQ,NBLOK,NSB,MAXC,NORG,NRED,
     *            NPVT,2)
C
      DIFMAX=0.
      DO 12601 N=1,NEQ
      UHALT=UHKNS(N)
      DIFFUH=UHALT-UHKN(N)
      UHKN(N)=UHALT
      UHMAX=ABS(DIFFUH)
      IF(UHMAX.GT.DIFMAX) DIFMAX=UHMAX
12601 CONTINUE
      IF(DIFMAX.GT.EPS.AND.(NRFVT.GT.1.OR.NMAXIT.GT.1)) XS=1.
      IF(ITER.GT.1)                              GOTO 1305
C
      CALL UEBERS(NAM)
      WRITE(NAM,12151)
12151 FORMAT(/,6X,8HBLOCK-NR,
     *          5X,8HITER.-NR,
     *          1X,12HDTKNMAX IN K,
     *          7X,6HEXTRAP,/)
 1305 ZW=0.
      IF(NRFVT.GT.1.OR.NMAXIT.GT.1) ZW=DIFMAX
      WRITE(NAM,1351) IRFVT,ITER,ZW,EXTRAP
 1351 FORMAT(1H ,2I13,F13.4,8X,L5)
      RETURN
      END
C
C------------------------------------------------------------------------
      SUBROUTINE OPTBLK
     *             (A,B,PIVOT,NCOL,NEQ,NBLOK,LBLOK,MAXC,
     *              NMAT,NRED,NPVT,KEX)
C------------------------------------------------------------------------
      DIMENSION A(LBLOK),B(LBLOK),PIVOT(MAXC),NCOL(NBLOK),NLV(1)
C
      LVEC=1
      GOTO (20,280), KEX
C
C...ZERLEGUNG DER MATRIX
C
   20 JF=1
      JL=0
      JCP=0
      REWIND NMAT
      REWIND NRED
      REWIND NPVT
C
      DO 270 NPB=1,NBLOK
      READ (NMAT) A
      NCA=NCOL(NPB)
```

```
      JL=JL+NCA
      JNA=LBLOK-NCA
      IF (NPB.EQ.1)                                   GOTO 180
      NAJP=1
      MIN=JF
      JK=JNA
      DO 30 J=JF,JL
      JK=JK+1
      NAJ=IFIX(A(JK)+0.5)
      IF=J-NAJ+NAJP
      IF (MIN.GT.IF) MIN=IF
   30 NAJP=NAJ+1
      NSBL=NPB-1
C
      REWIND NRED
      JCP=0
      DO 100 NSB=1,NSBL
      NCB=NCOL(NSB)
      JC=JCP+NCB
      IF (MIN.GE.JC)                                  GOTO 90
      READ (NRED) B
      JNB=LBLOK-NCB
      JK=JNB-JCP
      JJ=JNA
      NAJP=1
      JCP1=JCP+1
      DO 80 J=JF,JL
      JJ=JJ+1
      NAJ=IFIX(A(JJ)+0.5)
      NAJJ=NAJ-J
      IF=NAJP-NAJJ
      IF (IF.GE.JC)                                   GOTO 80
      IS=MAX0(IF+1,JCP1)
      II=IS+JK
      NBIP=1
      IF (II.EQ.JNB+1)                                GOTO 40
      NBIP=IFIX(B(II-1)+0.5)+1
   40 DO 70 I=IS,JC
      NBI=IFIX(B(II)+0.5)
      NBII=NBI-I
      KF=NBIP-NBII
      IF (KF.GE.I)                                    GOTO 60
      KF=NAJJ+MAX0(IF,KF)
      JIA=NAJJ+I
      KL=JIA-1
      JM=NBII-NAJJ
      AA=0.
      DO 50 K=KF,KL
   50 AA=AA+B(JM+K)*A(K)
      A(JIA)=A(JIA)-AA
   60 II=II+1
   70 NBIP=NBI+1
   80 NAJP=NAJ+1
      GOTO 100
   90 READ (NRED)
  100 JCP=JC
C
      REWIND NPVT
      JCP=0
      DO 170 NSB=1,NSBL
      NCB=NCOL(NSB)
      JC=JCP+NCB
      IF (MIN.GT.JC)                                  GOTO 160
      READ (NPVT) PIVOT
      JJ=JNA
      JCP1=JCP+1
      NAJP=1
      DO 150 J=JF,JL
      JJ=JJ+1
```

```
      NAJ=IFIX(A(JJ)+0.5)
      NAJJ=NAJ-J
      IF=NAJP-NAJJ
      IF (IF.GT.JC)                                GOTO 150
      IL=J-1
      KL=NAJJ+JC
      IF (JF.GT.IL)                                GOTO 130
      II=JNA
      NAIP=1
      DO 120 I=JF,IL
      II=II+1
      NAI=IFIX(A(II)+0.5)
      NAII=NAI-I
      KF=NAIP-NAII
      IF (KF.GT.JC)                                GOTO 120
      KF=NAJJ+MAX0(IF,KF,JCP1)
      JM=NAII-NAJJ
      AA=0.
      DO 110 K=KF,KL
  110 AA=AA+A(JM+K)*A(K)
      JIA=NAJJ+I
      A(JIA)=A(JIA)-AA
  120 NAIP=NAI+1
C
  130 KF=NAJJ+MAX0(IF,JCP1)
      JM=-(NAJJ+JCP)
      AA=0.
      DO 140 K=KF,KL
      DIV=A(K)/PIVOT(JM+K)
      AA=AA+DIV*A(K)
  140 A(K)=DIV
      A(NAJ)=A(NAJ)-AA
  150 NAJP=NAJ+1
      GOTO 170
  160 READ (NPVT)
  170 JCP=JC
C
  180 JF1=JF+1
      IF (JF1.GT.JL)                               GOTO 250
      JJ=JNA+1
      NAJP=IFIX(A(JJ)+0.5)
      JK=JNA-JCP
      DO 240 J=JF1,JL
      JJ=JJ+1
      NAJ=IFIX(A(JJ)+0.5)
      NAJJ=NAJ-J
      IF=NAJP-NAJJ
      IF (IF.GE.J)                                 GOTO 240
      IS=MAX0(IF+1,JF1)
      IL=J-1
      IF (IS.GT.IL)                                GOTO 220
      II=IS+JK
      NAIP=IFIX(A(II-1)+0.5)
      DO 210 I=IS,IL
      NAI=IFIX(A(II)+0.5)
      NAII=NAI-I
      KF=NAIP-NAII
      IF (KF.GE.I)                                 GOTO 200
      KF=NAJJ+MAX0(IF,KF,JF)
      JIA=NAJJ+I
      KL=JIA-1
      JM=NAII-NAJJ
      AA=0.
      DO 190 K=KF,KL
  190 AA=AA+A(JM+K)*A(K)
      A(JIA)=A(JIA)-AA
  200 II=II+1
  210 NAIP=NAI+1
C
```

```
  220 KF=MAXO(IF,JF)
      II=KF+JK
      KF=KF+NAJJ
      KL=NAJ-1
      AA=0.
      DO 230 K=KF,KL
      NAI=IFIX(A(II)+0.5)
      DIV=A(K)/A(NAI)
      AA=AA+DIV*A(K)
      A(K)=DIV
  230 II=II+1
      A(NAJ)=A(NAJ)-AA
  240 NAJP=NAJ+1
C
  250 WRITE (NRED) A
      DO 260 J=1,NCA
      NAJ=IFIX(A(JNA+J)+0.5)
  260 PIVOT(J)=A(NAJ)
      WRITE (NPVT) PIVOT
C
  270 JF=JL+1
      RETURN
C
C...ZERLEGUNG LASTVEKTOR (ZERLEGUNGSMETHODE A) UND RUECKWAERTSSUBSTITUTION
C
  280 MIN=NEQ
      JJ=0
      DO 310 J=1,LVEC
      DO 290 I=1,NEQ
      IF (A(JJ+I).NE.0.)                          GOTO 300
  290 CONTINUE
      I=NEQ
  300 NLV(J)=I
      IF (MIN.GT.I) MIN=I
  310 JJ=JJ+NEQ
C
      REWIND NRED
      JCP=0
      DO 380 NSB=1,NBLOK
      NCB=NCOL(NSB)
      JC=JCP+NCB
      IF (MIN.GE.JC)                              GOTO 370
      READ (NRED) B
      JNB=LBLOK-NCB
      JK=JNB-JCP
      JCP1=JCP+1
      JJ=0
      DO 360 J=1,LVEC
      IF=NLV(J)
      IF (IF.GE.JC)                               GOTO 360
      IS=MAXO(IF+1,JCP1)
      II=IS+JK
      NBIP=1
      IF (II.EQ.JNB+1)                            GOTO 320
      NBIP=IFIX(B(II-1)+0.5)+1
  320 DO 350 I=IS,JC
      NBI=IFIX(B(II)+0.5)
      NBII=NBI-I
      KF=NBIP-NBII
      IF (KF.GE.I)                                GOTO 340
      KF=JJ+MAXO(IF,KF)
      JIA=JJ+I
      KL=JIA-1
      JM=NBII-JJ
      AA=0.
      DO 330 K=KF,KL
  330 AA=AA+B(JM+K)*A(K)
      A(JIA)=A(JIA)-AA
  340 II=II+1
```

```
  350 NBIP=NBI+1
  360 JJ=JJ+NEQ
      GOTO 380
  370 READ (NRED)
  380 JCP=JC
C
      REWIND NPVT
      JCP=0
      DO 420 NSB=1,NBLOK
      NCB=NCOL(NSB)
      JC=JCP+NCB
      IF (MIN.GT.JC)                                          GOTO 410
      READ (NPVT) PIVOT
      JCP1=JCP+1
      JJ=JCP
      DO 400 J=1,LVEC
      IF=NLV(J)
      IF (IF.GT.JC)                                           GOTO 400
      IS=MAXO(IF,JCP1)-JCP
      DO 390 I=IS,NCB
      JIA=JJ+I
  390 A(JIA)=A(JIA)/PIVOT(I)
  400 JJ=JJ+NEQ
      GOTO 420
  410 READ (NPVT)
  420 JCP=JC
C
      N=NEQ
      NPB=NBLOK
      DO 510 NSB=1,NBLOK
      BACKSPACE NRED
      READ (NRED) B
      BACKSPACE NRED
      NCB=NCOL(NPB)
      II=LBLOK
      NBI=IFIX(B(II)+0.5)
      IF (NCB.EQ.1)                                           GOTO 470
      DO 460 I=2,NCB
      NBIP=IFIX(B(II-1)+0.5)
      NBII=NBI-N
      KF=NBIP-NBII+1
      IF (KF.GE.N)                                            GOTO 450
      JM=NBII
      JJ=0
      DO 440 J=1,LVEC
      JKA=JJ+KF
      JIA=JJ+N
      IKA=JIA-1
      AA=A(JIA)
      DO 430 K=JKA,IKA
  430 A(K)=A(K)-B(JM+K)*AA
      JM=JM-NEQ
  440 JJ=JJ+NEQ
  450 II=II-1
      N=N-1
  460 NBI=NBIP
  470 IF (NPB.EQ.1)                                           GOTO 510
      NBII=NBI-N
      KF=-NBII+1
      IF (KF.GE.N)                                            GOTO 500
      JM=NBII
      JJ=0
      DO 490 J=1,LVEC
      JKA=JJ+KF
      JIA=JJ+N
      IKA=JIA-1
      AA=A(JIA)
      DO 480 K=JKA,IKA
  480 A(K)=A(K)-B(JM+K)*AA
```

```
      JM=JM-NEQ
  490 JJ=JJ+NEQ
  500 N=N-1
      NPB=NPB-1
  510 CONTINUE
      RETURN
      END
C
C------------------------------------------------------------------------
      SUBROUTINE RESULT
C------------------------------------------------------------------------
      INTEGER SUHKNF,STRICH(3),TEXT
      INTEGER DIM,DJM,DKM,DIMV,DJMH,DKMT,O,P,PL,PL1,PL2,PL3
      REAL LAMBDA,IHU,IHO,IHR,IHL,IHH,IHT,IEIN
      LOGICAL BOOSUM,EXTRAP
      DIMENSION INFF(3),IFELD(105),IHZ(18),ISYM(42),SUMIF(20,7)
      COMMON/UE/NR,TEXT(81)
      COMMON/GN/NMV,NMH,NMT,NMVH,NMA,NMAKO
      COMMON/GM/RXM,RYM,RZM
      COMMON/GBW/RX,RY,RZ
      COMMON/WID1/UHKN(6000)
      COMMON/WID/ ALX(100),ALY(100),ALZ(100),
     *            N2MAF(100),TEMP(100),ALAM(100),KZF1(100),
     *            KZF2(100),A(100),B(100),C(100),D(100),
     *            NRMA(250),IMU(250),DIM(250),IMO(250),JMU(250),
     *            DJM(250),JMO(250),KMU(250),DKM(250),KMO(250)
      COMMON NAM,IAUS,EXTRAP,EPS,IRFVT,NRFVT,ITER,NMAXIT,
     *       NDAT,SUHKNF,NZE,PL(40,12)
      DATA STRICH/2H--,2H--,2H--/
      DATA ISYM/1H0,1H1,1H2,1H3,1H4,1H5,1H6,1H7,1H8,1H9,1H+,1H-,1H.,1H ,
     *          1H|,1H*,1HA,1HB,1HC,1HD,1HE,1HF,1HG,1HH,1HI,1HJ,1HK,1HL,
     *          1HM,1HN,1HO,1HP,1HQ,1HR,1HS,1HT,1HU,1HV,1HW,1HX,1HY,1HZ/
C
      DO 13000 I=1,20
      DO 13000 J=1, 7
13000 SUMIF(I,J)=0.
C
C     WAERMESTROEME, TEMPERATUREN (U.U. WAERMELEITWERTE) TABELLIEREN
C
      P=0
      BOOSUM=.FALSE.
13100 DO 13101 IZE=1,NZE
      IF(PL(IZE,11).EQ.0.AND.PL(IZE,12).EQ.0)       GOTO 13101
      KZGT=1
      PL1=PL(IZE,1)
      I1 =PL(IZE,2)
      I2 =PL(IZE,3)
      PL2=PL(IZE,4)
      J1 =PL(IZE,5)
      J2 =PL(IZE,6)
      PL3=PL(IZE,7)
      K1 =PL(IZE,8)
      K2 =PL(IZE,9)
      IF(P.EQ.0.OR.P.GE.50.OR.PL(IZE,11).EQ.0)   GOTO 13106
      WRITE(NAM,23358)
      P=P+1
13106 DO 13105 K=K1,K2
      DO 13105 J=J1,J2
      DO 13105 I=I1,I2
      CALL INTRA(I,J,K,PL1,PL2,PL3,II,JJ,KK)
      IF(P.GT.0.AND.P.LT.50.OR.PL(IZE,11).EQ.0)   GOTO 13104
      P=0
      CALL UEBERS(NAM)
      WRITE(NAM,13150)
13150 FORMAT(/,43H WAERMESTROEME PHI IN W, KNOTENTEMPERATUREN,
     *            24H TKN(II,JJ,KK) IN GRAD C)
      IF(NR.LT.0) WRITE(NAM,13151)
13151 FORMAT(1H+,66X,34H, WAERMELEITWERTE G=LAMGR*A IN W/K)
      WRITE(NAM,13152)
```

```
13152 FORMAT(1H0,4HK-NR,2X,2HII,2X,2HJJ,2X,2HKK,7X,5HPHIXO,7X,5HPHIXU,
     *          7X,5HPHIYL,7X,5HPHIYR,7X,5HPHIZH,7X,5HPHIZT,7X,5HPHIKN,
     *          9X,3HTKN,1X,5HBL-NR,3X,3HKZS)
      IF(NR) 13102,13102,13103
13102 WRITE(NAM,13153)
13153 FORMAT(1H ,25X,3HGXO,9X,3HGXU,9X,3HGYL,9X,3HGYR,9X,3HGZH,9X,3HGZT,
     *          /)
      GOTO 13104
13103 WRITE(NAM,13154)
13154 FORMAT(1H0)
13104 NRPL=II+(JJ-1)*NMV+(KK-1)*NMVH
      CALL WIDER(II,JJ,KK)
      RXM=RX
      RYM=RY
      RZM=RZ
      CALL G(II,JJ,KK,1,GO)
      CALL G(II,JJ,KK,2,GU)
      CALL G(II,JJ,KK,3,GL)
      CALL G(II,JJ,KK,4,GR)
      CALL G(II,JJ,KK,5,GH)
      CALL G(II,JJ,KK,6,GT)
      UHKNM=UHKN(NRPL)
      IHO=0
      IF(II.GT.1) IHO=GO*(UHKN(NRPL-1)-UHKNM)
      IHU=0
      IF(II.LT.NMV) IHU=GU*(UHKNM-UHKN(NRPL+1))
      IHL=0
      IF(JJ.GT.1) IHL=GL*(UHKN(NRPL-NMV)-UHKNM)
      IHR=0
      IF(JJ.LT.NMH) IHR=GR*(UHKNM-UHKN(NRPL+NMV))
      IHH=0
      IF(KK.GT.1) IHH=GH*(UHKN(NRPL-NMVH)-UHKNM)
      IHT=0
      IF(KK.LT.NMT) IHT=GT*(UHKNM-UHKN(NRPL+NMVH))
C
      KZS=PL(IZE,12)
      IF(KZS.EQ.0)                                   GOTO 13108
      BOOSUM=.TRUE.
      SUMIF(KZS,1)=SUMIF(KZS,1)+IHO
      SUMIF(KZS,2)=SUMIF(KZS,2)+IHU
      SUMIF(KZS,3)=SUMIF(KZS,3)+IHL
      SUMIF(KZS,4)=SUMIF(KZS,4)+IHR
      SUMIF(KZS,5)=SUMIF(KZS,5)+IHH
      SUMIF(KZS,6)=SUMIF(KZS,6)+IHT
C
C...AUFSUMMIERUNG DER ABSOLUTWERTE DER WAERMESTROEME IM VORGEGEBENEM
C   WAERMEUEBERGANGSBEREICH (KZT=3)
C
      CALL VOLIJK(3,3,1,NMAKO,II,JJ,KK,NRKONF,NRM,KZT)
      IF(NRKONF.EQ.0)                                GOTO 13108
      SUMIF(KZS,7)=SUMIF(KZS,7)+ABS(IHO)+ABS(IHU)
     *                         +ABS(IHL)+ABS(IHR)
     *                         +ABS(IHH)+ABS(IHT)
C
13108 IEIN=0.
      CALL VOLIJK(1,1,1,NMAKO,II,JJ,KK,NRKONF,NRM,KZT)
      IF(NRKONF.EQ.0)                                GOTO 13107
      KKK=1
      IF(NRM.GT.1) KKK=N2MAF(NRM-1)+1
      IEIN=ALAM(KKK)
13107 IF(PL(IZE,11).EQ.0)                            GOTO 13105
      P=P+1
      IF(NR.LT.0) P=P+1
      WRITE(NAM,13156) IZE,II,JJ,KK,IHO,IHU,IHL,IHR,IHH,IHT,
     *                 IEIN,UHKNM,IRFVT,KZS
      IF(NR.LT.0) WRITE(NAM,13155) GO,GU,GL,GR,GH,GT
13155 FORMAT(1H ,16X,6E12.4)
13156 FORMAT(1H ,4I4,7F12.4,F12.2,2I6)
13105 CONTINUE
```

```
13101 CONTINUE
C
C     AUSGABE DER AUFSUMMIERTEN WAERMESTROEME
C
      IF(.NOT.BOOSUM)                                    GOTO 23200
      CALL UEBERS(NAM)
      WRITE(NAM,13170)
13170 FORMAT(/,32H AUFSUMMIERTE WAERMESTROEME IN W,//,5H S-NR,
     *             16X,8HSUMPHIXO,4X,8HSUMPHIXU,4X,8HSUMPHIYL,
     *              4X,8HSUMPHIYR,4X,8HSUMPHIZH,4X,8HSUMPHIZT,
     *              3X,9HABSPHIWUE,/)
      DO 13200 KZS=1,20
      DO 13190 IZE=1,NZE
      IF(PL(IZE,12).NE.KZS)                              GOTO 13190
      WRITE(NAM,13180) KZS,(SUMIF(KZS,I),I=1,7)
13180 FORMAT(1H ,I4,12X,7(F12.4))
      GOTO 13200
13190 CONTINUE
13200 CONTINUE
C
C     GEOMETRISCHE ZUORDNUNG VON BAUSTOFFEN UND TEMPERATUREN
C
23200 DO 23201 IZE=1,NZE
      IF(PL(IZE,10).EQ.0)                                GOTO 23201
      KZGT=1
      PL1=PL(IZE,1)
      I1 =PL(IZE,2)
      I2 =PL(IZE,3)
      PL2=PL(IZE,4)
      J1 =PL(IZE,5)
      J2 =PL(IZE,6)
      PL3=PL(IZE,7)
      K1 =PL(IZE,8)
      K2 =PL(IZE,9)
C
      DO 23202 KKK=K1,K2
      DO 23202 JMUH=J1,J2,15
      JMOH=JMUH+14
      IF(JMOH.GT.J2) JMOH=J2
      DO 23202 IMUV=I1,I2,10
      IMOV=IMUV+9
      IF(IMOV.GT.I2) IMOV=I2
      CALL UEBERS(NAM)
      WRITE(NAM,23351) ISYM(PL3+39),KKK
23351 FORMAT(/,33H GEOMETR. ZUORDNUNG DER BAUSTOFFE,
     *             28H UND TEMPERATUREN IN GRAD C,,
     *             15H PARAMETER IST ,1A1,1H=,I3,/)
      III=0
      DO 23302 L=JMUH,JMOH
      III=III+1
      IHZ(III)=L
23302 CONTINUE
      WRITE(NAM,23352) (ISYM(PL2+39),IHZ(L),L=1,III)
23352 FORMAT(1H ,8X,15(3X,1A1,I3))
      WRITE(NAM,23358)
23358 FORMAT(1H )
      IMOVV=IMOV+1
      DO 23303 K=IMUV,IMOVV
      M=0
      N=0
      III=0
      JMOHH=JMOH+1
      DO 23304 L=JMUH,JMOHH
      III=III+1
      O=0
      IF(L.GT.JMOH)                                      GOTO 23305
      IF(K.GT.IMOV)                                      GOTO 23306
      CALL INTRA(K,L,KKK,PL1,PL2,PL3,II,JJ,KK)
      CALL VOLIJK(1,2,1,NMAKO,II,JJ,KK,NRKONF,NRM,O)
```

```
23306 P=0
      IF(K.EQ.IMUV)                                    GOTO 23305
      CALL INTRA(K-1,L,KKK,PL1,PL2,PL3,II,JJ,KK)
      CALL VOLIJK(1,2,1,NMAKO,II,JJ,KK,NRKONF,NRM,P)
23305 IHZ(III)=ISYM(11)
      IF (P.NE.0.OR.O.NE.0.OR.N.NE.0.OR.M.NE.0) IHZ(III)=ISYM(16)
      N=P
23304 M=0
      III1=III-1
      WRITE(NAM,23354) ((IHZ(L),STRICH),L=1,III1),IHZ(III)
23354 FORMAT(10X,15(1A1,3A2),1A1)
      IF (K.GT.IMOV)                                   GOTO 23202
      WRITE(NAM,23356) (ISYM(15),L=JMUH,JMOHH)
23356 FORMAT(1H ,3X,16(6X,1A1))
      IPOS=1
      DO 23308 L=JMUH,JMOH
      CALL INTRA(K,L,KKK,PL1,PL2,PL3,II,JJ,KK)
      NRPL=II+(JJ-1)*NMV+(KK-1)*NMVH
      CALL VOLIJK(3,30,1,NMAKO,II,JJ,KK,NRKONF,MAT,KZT)
23308 CALL ZAHLA1(MAT,UHKN(NRPL),IPOS,IFELD,ISYM)
      IPOS=IPOS-1
      WRITE(NAM,23357) ISYM(PL1+39),K,(IFELD(L),L=1,IPOS)
23357 FORMAT(1H ,3X,1A1,I3,2X,1H|,105A1)
23303 WRITE(NAM,23356)(ISYM(15), L=JMUH,JMOHH)
23202 CONTINUE
23201 CONTINUE
C
      NMGES=NMV*NMH*NMT
      IF(KZGT.EQ.1)          WRITE(SUHKNF) (UHKN(I),I=1,NMGES)
      RETURN
      END
C
C-------------------------------------------------------------------
      SUBROUTINE ZAHLA1(MAT,ZAHL,IPOS,IFELD,IZ)
C-------------------------------------------------------------------
C     UMWANDELN VON ZAHL, BETRAG KLEINER 9999 IN A1-FORMAT
C
      INTEGER IFELD(105),IZ(42)
C     IZ IST DATA-FELD MIT ZIFFERN, BUCHSTABEN UND SONDERZEICHEN

C     MATERIAL
      IND = MAT
      IF (IND .GT. 26 .OR. IND .LT. 0)      IND = 0
    6 IFELD(IPOS) = IZ(IND+16)

C     BESTIMMEN DES VORZEICHENS
      IF (ZAHL) 10,20,20
   10 IFELD(IPOS+1)=IZ(12)
      GOTO 21
   20 IFELD(IPOS+1)=IZ(11)
   21 ZZ=ABS(ZAHL)
      IF (ZZ .GE. 9999.5)                   GOTO 70
      JPOS=IPOS+2

C     EXPONENT
      IF(ZZ.EQ.0.)                          GOTO 36
      IE = ALOG10(ZZ)

C     LETZTE STELLE AUFRUNDEN
      IF(IE-1) 33,32,31
   31 ZZ = ZZ + 0.5
      GOTO 35
   32 ZZ = ZZ + 0.05
      GOTO 35
   33 ZZ = ZZ + 0.005

C     ANZAHL DER ZEICHEN VOR DEM DEZIMALPUNKT
   35 CONTINUE
      IE=ALOG10(ZZ)+1
```

```
      GOTO 37
   36 IE=1
   37 IF(IE-1)  60,45,44

C     NORMIEREN
   44 ZZ=ZZ/10.**(IE-1)

C     GANZZAHLIGER ANTEIL
   45 DO 50  I=1,IE
      IND=ZZ
      IFELD(JPOS)=IZ(IND+1)
      JPOS=JPOS+1
   50 ZZ=(ZZ-FLOAT(IND))*10.0

      IF (IE-3)  55,100,200

C     DEZIMALPUNKT
   55 IFELD(JPOS)=IZ(13)

C     GEBROCHENER ANTEIL
      DO 58 I=IE,2
      IND=ZZ
      JPOS=JPOS+1
      IFELD(JPOS)=IZ(IND+1)
      ZZ=(ZZ-FLOAT(IND))*10.
   58 CONTINUE
      GOTO 200

C     FUEHRENDE NULL AUSGEBEN
   60 ZZ = ZZ*10.
      IFELD(JPOS)=IZ(1)
      JPOS=JPOS+1
      IE = 1
      GOTO 55

C     ZAHL ZU GROSS FUER AUSGABEFELD - AUSGABE VON ****
   70 DO 75 I=1,5
      IND = IPOS + I
   75 IFELD(IND) = IZ(16)
      GOTO 200

  100 IFELD(IPOS+5) = IZ(14)

  200 IFELD(IPOS+6) = IZ(15)

C     NEUE POSITION
      IPOS = IPOS + 7
      RETURN
      END
```

6 Durchgerechnete Anwendungsbeispiele mit Eingabedaten und Computerausgabe

6.1 Ein- und Ausgabe: Beheizbarer Belag

```
/*
-150683
´(´HEIZB. BELAG, GIESSHARZBETON, HEIZLEISTUNG 300 W/M2´)´
     5       3       1       1    0.1       1
     6
     1       1       5       2       1       3       3       1       1       1       1       0
     2       1       3       1       1       5       3       1       1       1       0       0
     3       1       1       1       1       5       2       2       2       1       0       0
     1       1       1       2       1       3       3       1       1       0       0       1
     1       3       3       2       1       3       3       1       1       0       0       2
     1       5       5       2       1       3       3       1       1       0       0       3
     4
1.0000       1       4       5
0.0150       2       2       2
0.0050       3       3       3
0.2000       4       4       4
     1
1.0000       1       1       3
     1
1.0000       1       1       1
     6
´(´1,WAERMEUEBERGANG-OBERSEITE´)´
     1       3       1
    20      10.70
´(´2,GIESSHARZBETON,L´)´
     1       4       1
    20       0.8141
´(´3,BETON,L´)´
     1       4       1
    20       1.512
´(´4,WAERMEUEBERGANG-UNTERSEITE´)´
     1       3       1
    20       5.582
´(´5,TEMPERATURRANDBEDINGUNG´)´
     1       2       1
    20        -10
´(´6,WAERMESTROMEINSPEISUNG´)´
     1       1       0
    20        300
     6
     1      -1      -1      -1       1       1       3       1       1       1
     2       2       1       3       1       1       3       1       1       1
     3       4       4       4       1       1       3       1       1       1
     4      -5      -5      -5       1       1       3       1       1       1
     5       1       4       5       1       1       3       1       1       1
     6       3       3       3       1       1       3       1       1       1
/*
/*
```

FORTRAN-PROGRAMM ZUR BERECHNUNG DREIDIM. STATION. TEMPERATUR- UND WAERME-
STROMVERTEILUNGEN - VAX 11/780 - BAM 2.44 - 15.06.83 - PROBLEM-NR.-150683
HEIZB. BELAG, GIESSHARZBETON, HEIZLEISTUNG 300 W/M2

AUSGABEKONFIGURATIONEN

K-NR	PL1	I1	I2	PL2	I1	I2	PL3	I1	I2	KZG	KZT	KZS
1	X	1	5	Y	1	3	Z	1	1	1	1	0
2	Y	1	3	X	1	5	Z	1	1	1	0	0
3	Z	1	1	X	1	5	Y	2	2	1	0	0
4	X	1	1	Y	1	3	Z	1	1	0	0	1
5	X	3	3	Y	1	3	Z	1	1	0	0	2
6	X	5	5	Y	1	3	Z	1	1	0	0	3

LAENGENRASTER IN X-, Y- UND Z-RICHTUNG

MASCHEN-NR	DX IN M	DY IN M	DZ IN M
1	1.00000	1.00000	1.00000
2	0.01500	1.00000	
3	0.00500	1.00000	
4	0.20000		
5	1.00000		

FUNKTIONSLISTE

FUNKTIONS-NR.   1-A
1,WAERMEUEBERGANG-OBERSEITE

INDEX	DUMMY-GROESSE	ALPHA IN W/(M*M*K)	KZT	KZF
1	20.00000	10.70000	3	1

FUNKTIONS-NR.   2-B
2,GIESSHARZBETON,L

INDEX	THETA IN GRAD C	LAMBDA IN W/(M*K)	KZT	KZF
2	20.00000	0.81410	4	1

FUNKTIONS-NR.   3-C
3,BETON,L

INDEX	THETA IN GRAD C	LAMBDA IN W/(M*K)	KZT	KZF
3	20.00000	1.51200	4	1

FUNKTIONS-NR.   4-D
4,WAERMEUEBERGANG-UNTERSEITE

INDEX	DUMMY-GROESSE	ALPHA IN W/(M*M*K)	KZT	KZF
4	20.00000	5.58200	3	1

FUNKTIONS-NR.   5-E
5,TEMPERATURRANDBEDINGUNG

INDEX	DUMMY-GROESSE	THETAR IN GRAD C	KZT	KZF
5	20.00000	-10.00000	2	1

FUNKTIONS-NR.   6-F
6,WAERMESTROMEINSPEISUNG

INDEX	DUMMY-GROESSE	PHI IN W	KZT	KZF
6	20.00000	300.00000	1	0

MASCHENKONFIGURATIONEN

KONFIGUR-NR	KENNZIFFER	FUNKTIONSNR	IMUV	DIMV	IMOV	JMUH	DJMH	JMOH	KMUT	DKMT	KMOT	NRES	NSUM
1	1	6	3	3	3	1	1	3	1	1	1	0	0
2	2	5	1	4	5	1	1	3	1	1	1	0	0
3	3	1	-1	-1	-1	1	1	3	1	1	1	3	3
4	3	4	-5	-5	-5	1	1	3	1	1	1	3	6
5	4	2	2	1	3	1	1	3	1	1	1	6	12
6	4	3	4	4	4	1	1	3	1	1	1	3	15

```
MASCHENANZAHL  X-RICHTUNG,NMV=        5
MASCHENANZAHL  Y-RICHTUNG,NMH=        3
MASCHENANZAHL  Z-RICHTUNG,NMT=        1
MASCHENANZAHL  INSGES    ,NMGES=     15
ANZAHL DER TEMP.RANDBED,NKNU=         6
ANZAHL DER STROMEINSP. ,NKNI=         3
MAX. ANZ. GL.AUFLOES.,NMAXIT=         1
MAX. ANZ. ITER.BLOECKE,NRFVT=         1
ABBRUCHFEHLER IN GRAD C ,EPS=      0.10
ANZAHL DER UNBEK. TEMPER.,NT=         9
ANZAHL DER UNBEK. STROEME,NI=        22
MITTLERE RANDTEMPERATUR TKNM=    -10.00
ANZAHL DER GLN INSGES   ,NEQ=        15
HALBE BANDBR. PLUS DIG,NBAND=         6
KERNSP.ANZAHL PRO BLOCK ,NSB=      6000
ANZAHL DER BLOECKE    ,NBLOK=         1
GROESSTE SPALTENANZAHL ,MAXC=        15
```

FORTRAN-PROGRAMM ZUR BERECHNUNG DREIDIM. STATION. TEMPERATUR- UND WAERME-
STROMVERTEILUNGEN - VAX 11/780 - BAM 2.44 - 15.06.83 - PROBLEM-NR.-150683
HEIZB. BELAG, GIESSHARZBETON, HEIZLEISTUNG 300 W/M2

BLOCK-NR	ITER.-NR	DTKNMAX IN K	EXTRAP
1	1	0.0000	F

FORTRAN-PROGRAMM ZUR BERECHNUNG DREIDIM. STATION. TEMPERATUR- UND WAERME-
STROMVERTEILUNGEN - VAX 11/780 - BAM 2.44 - 15.06.83 - PROBLEM-NR.-150683
HEIZB. BELAG, GIESSHARZBETON, HEIZLEISTUNG 300 W/M2

WAERMESTROEME PHI IN W, KNOTENTEMPERATUREN TKN(II,JJ,KK) IN GRAD C, WAERMELEITWERTE G-LAMGR*A IN W/K

K-NR	II	JJ	KK	PHIXO / GXO	PHIXU / GXU	PHIYL / GYL	PHIYR / GYR	PHIZH / GZH	PHIZT / GZT	PHIKN	TKN	BL-NR	KZS
1	1	1	1	0.0000	-219.6962	0.0000	0.0000	0.0000	0.0000	0.0000	-10.00	1	0
				0.0000E+00	0.9740E+01	0.0000E+00	0.5000E-30	0.0000E+00	0.0000E+00				
1	2	1	1	-219.6962	-219.6963	0.0000	0.0000	0.0000	0.0000	0.0000	12.56	1	0
				0.9740E+01	0.8141E+02	0.0000E+00	0.1221E-01	0.0000E+00	0.0000E+00				
1	3	1	1	-219.6963	80.3037	0.0000	0.0000	0.0000	0.0000	300.0000	15.25	1	0
				0.8141E+02	0.1445E+02	0.0000E+00	0.4070E-02	0.0000E+00	0.0000E+00				
1	4	1	1	80.3037	80.3037	0.0000	0.0000	0.0000	0.0000	0.0000	9.70	1	0
				0.1445E+02	0.4077E+01	0.0000E+00	0.3024E+00	0.0000E+00	0.0000E+00				
1	5	1	1	80.3037	0.0000	0.0000	0.0000	0.0000	0.0000	0.0000	-10.00	1	0
				0.4077E+01	0.0000E+00	0.0000E+00	0.5000E-30	0.0000E+00	0.0000E+00				
1	1	2	1	0.0000	-219.6960	0.0000	0.0000	0.0000	0.0000	0.0000	-10.00	1	0
				0.0000E+00	0.9740E+01	0.5000E-30	0.5000E-30	0.0000E+00	0.0000E+00				
1	2	2	1	-219.6960	-219.6962	0.0000	0.0000	0.0000	0.0000	0.0000	12.56	1	0
				0.9740E+01	0.8141E+02	0.1221E-01	0.1221E-01	0.0000E+00	0.0000E+00				
1	3	2	1	-219.6962	80.3037	0.0000	0.0000	0.0000	0.0000	300.0000	15.25	1	0
				0.8141E+02	0.1445E+02	0.4070E-02	0.4070E-02	0.0000E+00	0.0000E+00				
1	4	2	1	80.3037	80.3037	0.0000	0.0000	0.0000	0.0000	0.0000	9.70	1	0
				0.1445E+02	0.4077E+01	0.3024E+00	0.3024E+00	0.0000E+00	0.0000E+00				
1	5	2	1	80.3037	0.0000	0.0000	0.0000	0.0000	0.0000	0.0000	-10.00	1	0
				0.4077E+01	0.0000E+00	0.5000E-30	0.5000E-30	0.0000E+00	0.0000E+00				
1	1	3	1	0.0000	-219.6961	0.0000	0.0000	0.0000	0.0000	0.0000	-10.00	1	0
				0.0000E+00	0.9740E+01	0.5000E-30	0.0000E+00	0.0000E+00	0.0000E+00				
1	2	3	1	-219.6961	-219.6963	0.0000	0.0000	0.0000	0.0000	0.0000	12.56	1	0
				0.9740E+01	0.8141E+02	0.1221E-01	0.0000E+00	0.0000E+00	0.0000E+00				
1	3	3	1	-219.6963	80.3037	0.0000	0.0000	0.0000	0.0000	300.0000	15.25	1	0
				0.8141E+02	0.1445E+02	0.4070E-02	0.0000E+00	0.0000E+00	0.0000E+00				
1	4	3	1	80.3037	80.3037	0.0000	0.0000	0.0000	0.0000	0.0000	9.70	1	0
				0.1445E+02	0.4077E+01	0.3024E+00	0.0000E+00	0.0000E+00	0.0000E+00				
1	5	3	1	80.3037	0.0000	0.0000	0.0000	0.0000	0.0000	0.0000	-10.00	1	0
				0.4077E+01	0.0000E+00	0.5000E-30	0.0000E+00	0.0000E+00	0.0000E+00				

FORTRAN-PROGRAMM ZUR BERECHNUNG DREIDIM. STATION. TEMPERATUR- UND WAERME-
STROMVERTEILUNGEN - VAX 11/780 - BAM 2.44 - 15.06.83 - PROBLEM-NR.-150683
HEIZB. BELAG, GIESSHARZBETON, HEIZLEISTUNG 300 W/M2

AUFSUMMIERTE WAERMESTROEME IN W

S-NR	SUMPHIXO	SUMPHIXU	SUMPHIYL	SUMPHIYR	SUMPHIZH	SUMPHIZT	ABSPHIWUE
1	0.0000	-659.0883	0.0000	0.0000	0.0000	0.0000	659.0883
2	-659.0887	240.9111	0.0000	0.0000	0.0000	0.0000	0.0000
3	240.9110	0.0000	0.0000	0.0000	0.0000	0.0000	240.9110

FORTRAN-PROGRAMM ZUR BERECHNUNG DREIDIM. STATION. TEMPERATUR- UND WAERME-
STROMVERTEILUNGEN - VAX 11/780 - BAM 2.44 - 15.06.83 - PROBLEM-NR.-150683
HEIZB. BELAG, GIESSHARZBETON, HEIZLEISTUNG 300 W/M2

GEOMETR. ZUORDNUNG DER BAUSTOFFE UND TEMPERATUREN IN GRAD C, PARAMETER IST Z= 1

```
           Y  1    Y  2    Y  3

      *------*------*------*
      |      |      |      |
X  1  |A-10.0|A-10.0|A-10.0|
      |      |      |      |
      *------*------*------*
      |      |      |      |
X  2  |B+12.6|B+12.6|B+12.6|
      |      |      |      |
      *------*------*------*
      |      |      |      |
X  3  |B+15.3|B+15.3|B+15.3|
      |      |      |      |
      *------*------*------*
      |      |      |      |
X  4  |C+9.70|C+9.70|C+9.70|
      |      |      |      |
      *------*------*------*
      |      |      |      |
X  5  |D-10.0|D-10.0|D-10.0|
      |      |      |      |
      *------*------*------*
```

```
FORTRAN-PROGRAMM ZUR BERECHNUNG DREIDIM. STATION. TEMPERATUR- UND WAERME-
STROMVERTEILUNGEN - VAX 11/780 - BAM 2.44 - 15.06.83 - PROBLEM-NR.-150683
HEIZB. BELAG, GIESSHARZBETON, HEIZLEISTUNG 300 W/M2

GEOMETR. ZUORDNUNG DER BAUSTOFFE UND TEMPERATUREN IN GRAD C, PARAMETER IST Z= 1

            X 1   X 2   X 3   X 4   X 5

      *------*------*------*------*------*
      |      |      |      |      |      |
 Y  1 |A-10.0|B+12.6|B+15.3|C+9.70|D-10.0|
      |      |      |      |      |      |
      *------*------*------*------*------*
      |      |      |      |      |      |
 Y  2 |A-10.0|B+12.6|B+15.3|C+9.70|D-10.0|
      |      |      |      |      |      |
      *------*------*------*------*------*
      |      |      |      |      |      |
 Y  3 |A-10.0|B+12.6|B+15.3|C+9.70|D-10.0|
      |      |      |      |      |      |
      *------*------*------*------*------*
```

FORTRAN-PROGRAMM ZUR BERECHNUNG DREIDIM. STATION. TEMPERATUR- UND WAERME-
STROMVERTEILUNGEN - VAX 11/780 - BAM 2.44 - 15.06.83 - PROBLEM-NR.-150683
HEIZB. BELAG, GIESSHARZBETON, HEIZLEISTUNG 300 W/M2

GEOMETR. ZUORDNUNG DER BAUSTOFFE UND TEMPERATUREN IN GRAD C, PARAMETER IST Y= 2

```
          X  1   X  2   X  3   X  4   X  5

        *------*------*------*------*------*
        |      |      |      |      |      |
   Z  1 |A-10.0|B+12.6|B+15.3|C+9.70|D-10.0|
        |      |      |      |      |      |
        *------*------*------*------*------*
```

FORTRAN-PROGRAMM ZUR BERECHNUNG DREIDIM. STATION. TEMPERATUR- UND WAERME-
STROMVERTEILUNGEN - VAX 11/780 - BAM 2.44 - 15.06.83 - PROBLEM-NR.-150683
HEIZB. BELAG, GIESSHARZBETON, HEIZLEISTUNG 300 W/M2

ENDE DER RECHNUNG - CPU-ZEIT IN S =   2.0

6.2 Ein- und Ausgabe: Wand aus Schalenbausteinen

148

```
/*
150683
´(´SCHALENBAUSTEIN, ROHDKL1000´)´
     5    13    26     1     1     1
     3
     2     1    13     3     1    26     1     1     5     1     0     0
     2     1     1     3     1    26     1     1     5     0     0     1
     2    13    13     3     1    26     1     1     5     0     0     2
     5
0.0840     1     1     1
0.0400     2     2     2
0.0240     3     3     3
0.0160     4     4     4
0.0840     5     5     5
     7
1.0000     1    12    13
0.0300     2    10    12
0.0100     3     8    11
0.0400     4     6    10
0.0300     5     4     9
0.0150     6     2     8
0.0500     7     7     7
    13
0.0380     1    25    26
0.0100     2    23    25
0.0070     3    21    24
0.0070     4    19    23
0.0230     5    17    22
0.0250     6    15    21
0.0300     7    13    20
0.0250     8    11    19
0.0230     9     9    18
0.0070    10     7    17
0.0070    11     5    16
0.0100    12     3    15
0.0380    13     1    14
     7
´(´1,AUSSENLUFTTEMPERATUR´)´
     1     2     0
     0         -15
´(´2,WAERMEUEBERGANGSKOEFFIZIENT,AUSSEN´)´
     1     3     0
     0          23
´(´3,INNENLUFTTEMPERATUR´)´
     1     2     0
     0          20
´(´4,WAERMEUEBERGANGSKOEFFIZIENT,INNEN´)´
     1     3     0
     0          7.69
´(´5,LEICHTBETON,ROHDICHTEKLASSE 1000´)´
     1     4     0
     0          0.36
´(´6,FUELLBETON NACH DIN 1045´)´
     1     4     0
     0          2.1
´(´7,POLYSTYROL(PS)-HARTSCHAUM, WLFGR 035´)´
     1     4     0
     0          0.035
    66
     1     1     1     5     1     1     1     1     1    26
     2     1     1     5    -1    -1    -1     1     1    26
     3     1     1     5    13    13    13     1     1    26
     4     1     1     5   -13   -13   -13     1     1    26
     5     1     1     5     2    10    12     1     1    26
     5     1     1     2     3     3     3     4     1     6
     5     1     1     2     3     3     3     9     1    14
     5     1     1     2     3     3     3    19     1    20
     5     1     1     2     3     3     3    24     1    26
     5     1     1     2     4     1     5    13     1    14
```

5	1	1	2	9	1	10	13	1	14
5	1	1	2	11	11	11	1	1	3
5	1	1	2	11	11	11	7	1	8
5	1	1	2	11	11	11	13	1	18
5	1	1	2	11	11	11	21	1	23
5	2	2	2	3	3	3	7	1	8
5	2	2	2	11	11	11	19	1	20
5	3	1	5	3	3	3	1	25	26
5	3	1	5	3	3	3	6	1	7
5	3	1	5	3	3	3	11	1	13
5	3	1	5	3	3	3	17	1	19
5	3	1	5	3	3	3	22	1	25
5	3	1	5	4	1	5	1	25	26
5	3	1	5	9	1	10	1	25	26
5	3	1	5	11	11	11	1	25	26
5	3	1	5	11	11	11	2	1	5
5	3	1	5	11	11	11	8	1	10
5	3	1	5	11	11	11	14	1	16
5	3	1	5	11	11	11	20	1	21
5	3	1	4	3	3	3	8	1	10
5	3	1	4	11	11	11	17	1	19
6	1	1	2	5	1	9	1	1	9
6	1	1	2	5	1	9	18	1	26
6	3	3	3	5	1	9	5	1	11
6	3	3	3	5	1	9	16	1	22
6	4	1	5	5	1	9	5	1	22
7	1	1	2	3	3	3	1	1	3
7	1	1	2	3	3	3	15	1	18
7	1	1	2	3	3	3	21	1	23
7	1	1	2	4	4	4	1	1	12
7	1	1	2	4	4	4	15	1	26
7	1	1	2	5	4	9	10	1	12
7	1	1	2	5	4	9	15	1	17
7	1	1	2	6	1	8	10	1	17
7	1	1	2	10	10	10	1	1	12
7	1	1	2	10	10	10	15	1	26
7	1	1	2	11	11	11	4	1	6
7	1	1	2	11	11	11	9	1	12
7	1	1	2	11	11	11	24	1	26
7	1	1	1	3	3	3	7	1	8
7	1	1	1	11	11	11	19	1	20
7	3	1	5	3	3	3	2	1	5
7	3	1	5	3	3	3	14	1	16
7	3	1	5	3	3	3	20	1	21
7	3	1	5	4	4	4	2	1	25
7	3	1	5	5	4	9	2	1	4
7	3	3	3	5	1	9	12	1	15
7	3	1	5	5	4	9	23	1	25
7	3	1	5	6	1	8	1	1	4
7	3	1	5	6	1	8	23	1	26
7	3	1	5	10	10	10	2	1	25
7	3	1	5	11	11	11	6	1	7
7	3	1	5	11	11	11	11	1	13
7	3	1	5	11	11	11	22	1	25
7	5	5	5	3	3	3	8	1	10
7	5	5	5	11	11	11	17	1	19

```
/*
/*
```

```
FORTRAN-PROGRAMM ZUR BERECHNUNG DREIDIM. STATION. TEMPERATUR- UND WAERME-
STROMVERTEILUNGEN - VAX 11/780 - BAM 2.44 - 15.06.83 - PROBLEM-NR. 150683
SCHALENBAUSTEIN, ROHDKL1000

AUSGABEKONFIGURATIONEN

K-NR  PL1  I1  I2  PL2  I1  I2  PL3  I1  I2  KZG  KZT  KZS

  1    Y    1  13   Z    1  26   X    1   5    1    0    0
  2    Y    1   1   Z    1  26   X    1   5    0    0    1
  3    Y   13  13   Z    1  26   X    1   5    0    0    2


LAENGENRASTER IN X-,Y- UND Z-RICHTUNG

MASCHEN-NR          DX IN M          DY IN M          DZ IN M

    1               0.08400          1.00000          0.03800
    2               0.04000          0.03000          0.01000
    3               0.02400          0.01000          0.00700
    4               0.01600          0.04000          0.00700
    5               0.08400          0.03000          0.02300
    6                                0.01500          0.02500
    7                                0.05000          0.03000
    8                                0.01500          0.02500
    9                                0.03000          0.02300
   10                                0.04000          0.00700
   11                                0.01000          0.00700
   12                                0.03000          0.01000
   13                                1.00000          0.03800
   14                                                 0.03800
   15                                                 0.01000
   16                                                 0.00700
   17                                                 0.00700
   18                                                 0.02300
   19                                                 0.02500
   20                                                 0.03000
   21                                                 0.02500
   22                                                 0.02300
   23                                                 0.00700
   24                                                 0.00700
   25                                                 0.01000
   26                                                 0.03800


FUNKTIONSLISTE


FUNKTIONS-NR.   1-A
1,AUSSENLUFTTEMPERATUR

      INDEX       DUMMY-GROESSE    THETAR IN GRAD C      KZT      KZF

        1            0.00000          -15.00000           2        0

FUNKTIONS-NR.   2-B
2,WAERMEUEBERGANGSKOEFFIZIENT,AUSSEN

      INDEX       DUMMY-GROESSE    ALPHA IN W/(M*M*K)     KZT      KZF

        2            0.00000           23.00000           3        0

FUNKTIONS-NR.   3-C
3,INNENLUFTTEMPERATUR

      INDEX       DUMMY-GROESSE    THETAR IN GRAD C      KZT      KZF

        3            0.00000           20.00000           2        0
```

FUNKTIONS-NR.   4-D
4,WAERMEUEBERGANGSKOEFFIZIENT,INNEN

INDEX	DUMMY-GROESSE	ALPHA IN W/(M*M*K)	KZT	KZF
4	0.00000	7.69000	3	0

FUNKTIONS-NR.   5-E
5,LEICHTBETON,ROHDICHTEKLASSE 1000

INDEX	THETA IN GRAD C	LAMBDA IN W/(M*K)	KZT	KZF
5	0.00000	0.36000	4	0

FUNKTIONS-NR.   6-F
6,FUELLBETON NACH DIN 1045

INDEX	THETA IN GRAD C	LAMBDA IN W/(M*K)	KZT	KZF
6	0.00000	2.10000	4	0

FUNKTIONS-NR.   7-G
7,POLYSTYROL(PS)-HARTSCHAUM, WLFGR 035

INDEX	THETA IN GRAD C	LAMBDA IN W/(M*K)	KZT	KZF
7	0.00000	0.03500	4	0

MASCHENKONFIGURATIONEN

KONFIGUR-NR	KENNZIFFER	FUNKTIONSNR	IMUV	DIMV	IMOV	JMUH	DJMH	JMOH	KMUT	DKMT	KMOT	NRES	NSUM
1	2	1	1	1	5	1	1	1	1	1	26	0	0
2	2	3	1	1	5	13	13	13	1	1	26	0	0
3	3	2	1	1	5	-1	-1	-1	1	1	26	130	130
4	3	4	1	1	5	-13	-13	-13	1	1	26	130	260
5	4	5	1	1	5	2	10	12	1	1	26	260	520
6	4	5	1	1	2	3	3	3	4	1	6	6	526
7	4	5	1	1	2	3	3	3	9	1	14	12	538
8	4	5	1	1	2	3	3	3	19	1	20	4	542
9	4	5	1	1	2	3	3	3	24	1	26	6	548
10	4	5	1	1	2	4	1	5	13	1	14	8	556
11	4	5	1	1	2	9	1	10	13	1	14	8	564
12	4	5	1	1	2	11	11	11	1	1	3	6	570
13	4	5	1	1	2	11	11	11	7	1	8	4	574
14	4	5	1	1	2	11	11	11	13	1	18	12	586
15	4	5	1	1	2	11	11	11	21	1	23	6	592
16	4	5	2	2	2	3	3	3	7	1	8	2	594
17	4	5	2	2	2	11	11	11	19	1	20	2	596
18	4	5	3	1	5	3	3	3	1	25	26	6	602
19	4	5	3	1	5	3	3	3	6	1	7	6	608
20	4	5	3	1	5	3	3	3	11	1	13	9	617
21	4	5	3	1	5	3	3	3	17	1	19	9	626
22	4	5	3	1	5	3	3	3	22	1	25	12	638
23	4	5	3	1	5	4	1	5	1	25	26	12	650
24	4	5	3	1	5	9	1	10	1	25	26	12	662
25	4	5	3	1	5	11	11	11	1	25	26	6	668
26	4	5	3	1	5	11	11	11	2	1	5	12	680
27	4	5	3	1	5	11	11	11	8	1	10	9	689
28	4	5	3	1	5	11	11	11	14	1	16	9	698
29	4	5	3	1	5	11	11	11	20	1	21	6	704
30	4	5	3	1	4	3	3	3	8	1	10	6	710
31	4	5	3	1	4	11	11	11	17	1	19	6	716
32	4	6	1	1	2	5	1	9	1	1	9	90	806
33	4	6	1	1	2	5	1	9	18	1	26	90	896
34	4	6	3	3	3	5	1	9	5	1	11	35	931
35	4	6	3	3	3	5	1	9	16	1	22	35	966

36	4	6	4	1	5	5	1	9	5	1	22	180	1146
37	4	7	1	1	2	3	3	3	1	1	3	6	1152
38	4	7	1	1	2	3	3	3	15	1	18	8	1160
39	4	7	1	1	2	3	3	3	21	1	23	6	1166
40	4	7	1	1	2	4	4	4	1	1	12	24	1190
41	4	7	1	1	2	4	4	4	15	1	26	24	1214
42	4	7	1	1	2	5	4	9	10	1	12	12	1226
43	4	7	1	1	2	5	4	9	15	1	17	12	1238
44	4	7	1	1	2	6	1	8	10	1	17	48	1286
45	4	7	1	1	2	10	10	10	1	1	12	24	1310
46	4	7	1	1	2	10	10	10	15	1	26	24	1334
47	4	7	1	1	2	11	11	11	4	1	6	6	1340
48	4	7	1	1	2	11	11	11	9	1	12	8	1348
49	4	7	1	1	2	11	11	11	24	1	26	6	1354
50	4	7	1	1	1	3	3	3	7	1	8	2	1356
51	4	7	1	1	1	11	11	11	19	1	20	2	1358
52	4	7	3	1	5	3	3	3	2	1	5	12	1370
53	4	7	3	1	5	3	3	3	14	1	16	9	1379
54	4	7	3	1	5	3	3	3	20	1	21	6	1385
55	4	7	3	1	5	4	4	4	2	1	25	72	1457
56	4	7	3	1	5	5	4	9	2	1	4	18	1475
57	4	7	3	3	3	5	1	9	12	1	15	20	1495
58	4	7	3	1	5	5	4	9	23	1	25	18	1513
59	4	7	3	1	5	6	1	8	1	1	4	36	1549
60	4	7	3	1	5	6	1	8	23	1	26	36	1585
61	4	7	3	1	5	10	10	10	2	1	25	72	1657
62	4	7	3	1	5	11	11	11	6	1	7	6	1663
63	4	7	3	1	5	11	11	11	11	1	13	9	1672
64	4	7	3	1	5	11	11	11	22	1	25	12	1684
65	4	7	5	5	5	3	3	3	8	1	10	3	1687
66	4	7	5	5	5	11	11	11	17	1	19	3	1690

```
MASCHENANZAHL X-RICHTUNG,NMV=          5
MASCHENANZAHL Y-RICHTUNG,NMH=         13
MASCHENANZAHL Z-RICHTUNG,NMT=         26
MASCHENANZAHL INSGES  ,NMGES=       1690
ANZAHL DER TEMP.RANDBED,NKNU=        260
ANZAHL DER STROMEINSP. ,NKNI=          0
MAX. ANZ. GL.AUFLOES.,NMAXIT=          1
MAX. ANZ. ITER.BLOECKE,NRFVT=          1
ABBRUCHFEHLER IN GRAD C ,EPS=       1.00
ANZAHL DER UNBEK. TEMPER.,NT=       1430
ANZAHL DER UNBEK. STROEME,NI=       4537
MITTLERE RANDTEMPERATUR TKNM=       2.50
ANZAHL DER GLN INSGES   ,NEQ=       1690
HALBE BANDBR. PLUS DIG,NBAND=         66
KERNSP.ANZAHL PRO BLOCK ,NSB=       6000
ANZAHL DER BLOECKE    ,NBLOK=         16
GROESSTE SPALTENANZAHL ,MAXC=        163
```

FORTRAN-PROGRAMM ZUR BERECHNUNG DREIDIM. STATION. TEMPERATUR- UND WAERME-
STROMVERTEILUNGEN - VAX 11/780 - BAM 2.44 - 15.06.83 - PROBLEM-NR. 150683
SCHALENBAUSTEIN, ROHDKL1000

BLOCK-NR	ITER.-NR	DTKNMAX IN K	EXTRAP
1	1	0.0000	F

FORTRAN-PROGRAMM ZUR BERECHNUNG DREIDIM. STATION. TEMPERATUR- UND WAERME-
STROMVERTEILUNGEN - VAX 11/780 - BAM 2.44 - 15.06.83 - PROBLEM-NR. 150683
SCHALENBAUSTEIN, ROHDKL1000

AUFSUMMIERTE WAERMESTROEME IN W

S-NR	SUMPHIXO	SUMPHIXU	SUMPHIYL	SUMPHIYR	SUMPHIZH	SUMPHIZT	ABSPHIWUE
1	0.0000	0.0000	0.0000	-1.7197	0.0000	0.0000	1.7197
2	0.0000	0.0000	-1.7197	0.0000	0.0000	0.0000	1.7197

FORTRAN-PROGRAMM ZUR BERECHNUNG DREIDIM. STATION. TEMPERATUR- UND WAERME-
STROMVERTEILUNGEN - VAX 11/780 - BAM 2.44 - 15.06.83 - PROBLEM-NR. 150683
SCHALENBAUSTEIN, ROHDKL1000

GEOMETR. ZUORDNUNG DER BAUSTOFFE UND TEMPERATUREN IN GRAD C, PARAMETER IST X= 1

	Z 1	Z 2	Z 3	Z 4	Z 5	Z 6	Z 7	Z 8	Z 9	Z 10	Z 11	Z 12	Z 13	Z 14	Z 15
Y 1	B-15.0	B-15.0	B-15.0	B-15.0	B-15.0	B-15.0	B-15.0	B-15.0	B-15.0	B-15.0	B-15.0	B-15.0	B-15.0	B-15.0	B-15.0
Y 2	E-14.1	E-14.0	E-14.0	E-14.0	E-13.9	E-13.9	E-14.1	E-14.0	E-13.9	E-13.8	E-13.8	E-13.7	E-13.4	E-13.3	E-13.8
Y 3	G-12.2	G-12.4	G-12.7	E-13.1	E-13.2	E-13.2	G-12.3	G-12.4	E-13.2	E-13.2	E-13.1	E-13.0	E-12.1	E-12.0	G-12.6
Y 4	G-4.81	G-5.05	G-5.19	G-5.34	G-5.55	G-5.56	G-5.16	G-5.50	G-6.73	G-8.21	G-8.89	G-9.67	E-10.2	E-10.2	G-9.48
Y 5	F+1.49	F+1.50	F+1.51	F+1.51	F+1.51	F+1.51	F+1.49	F+1.44	F+1.34	G-0.16	G-2.69	G-5.62	E-8.10	E-8.08	G-5.60
Y 6	F+1.65	F+1.66	F+1.66	F+1.67	F+1.67	F+1.67	F+1.65	F+1.62	F+1.56	G+0.84	G-0.47	G-1.97	G-5.52	G-5.51	G-1.98
Y 7	F+1.91	F+1.91	F+1.91	F+1.91	F+1.90	F+1.90	F+1.90	F+1.90	F+1.89	G+1.89	G+1.88	G+1.88	G+1.86	G+1.86	G+1.86
Y 8	F+2.18	F+2.16	F+2.15	F+2.15	F+2.14	F+2.13	F+2.14	F+2.18	F+2.23	G+2.93	G+4.22	G+5.70	G+9.21	G+9.22	G+5.69
Y 9	F+2.35	F+2.32	F+2.31	F+2.30	F+2.29	F+2.29	F+2.30	F+2.36	F+2.45	G+3.92	G+6.41	G+9.31	E+11.8	E+11.8	G+9.33
Y 10	G+9.57	G+9.37	G+9.24	G+9.09	G+8.85	G+8.89	G+9.50	G+9.79	G+10.2	G+11.6	G+12.3	G+13.2	E+13.8	E+13.9	G+13.4

FORTRAN-PROGRAMM ZUR BERECHNUNG DREIDIM. STATION. TEMPERATUR- UND WAERME-
STROMVERTEILUNGEN - VAX 11/780 - BAM 2.44 - 15.06.83 - PROBLEM-NR. 150683
SCHALENBAUSTEIN, ROHDKL1000

GEOMETR. ZUORDNUNG DER BAUSTOFFE UND TEMPERATUREN IN GRAD C, PARAMETER IST X= 1

	Z 1	Z 2	Z 3	Z 4	Z 5	Z 6	Z 7	Z 8	Z 9	Z 10	Z 11	Z 12	Z 13	Z 14	Z 15
Y 11	E+17.0	E+17.0	E+16.9	G+16.6	G+16.2	G+16.2	E+17.1	E+17.1	G+16.4	G+16.5	G+16.4	G+16.3	E+15.6	E+15.7	E+16.7
Y 12	E+17.7	E+17.8	E+17.8	E+17.9	E+18.0	E+18.0	E+17.9	E+17.9	E+17.9	E+17.8	E+17.7	E+17.5	E+17.0	E+17.0	E+17.4
Y 13	D+20.0	D+20.0	D+20.0	D+20.0	D+20.0	D+20.0	D+20.0	D+20.0	D+20.0	D+20.0	D+20.0	D+20.0	D+20.0	D+20.0	D+20.0

FORTRAN-PROGRAMM ZUR BERECHNUNG DREIDIM. STATION. TEMPERATUR- UND WAERME-
STROMVERTEILUNGEN - VAX 11/780 - BAM 2.44 - 15.06.83 - PROBLEM-NR. 150683
SCHALENBAUSTEIN, ROHDKL1000

GEOMETR. ZUORDNUNG DER BAUSTOFFE UND TEMPERATUREN IN GRAD C, PARAMETER IST X= 1

	Z 16	Z 17	Z 18	Z 19	Z 20	Z 21	Z 22	Z 23	Z 24	Z 25	Z 26
Y 1	B-15.0	B-15.0	B-15.0	B-15.0	B-15.0	B-15.0	B-15.0	B-15.0	B-15.0	B-15.0	B-15.0
Y 2	E-13.9	E-14.0	E-14.0	E-14.0	E-14.0	E-14.1	E-14.1	E-14.0	E-14.0	E-13.9	E-13.9
Y 3	G-12.7	G-12.7	G-12.6	E-13.2	E-13.2	G-12.3	G-12.3	G-12.7	E-13.1	E-13.1	E-13.2
Y 4	G-8.60	G-7.88	G-6.43	G-5.99	G-5.69	G-5.09	G-5.05	G-5.29	G-5.44	G-5.58	G-5.79
Y 5	G-2.69	G-0.18	F+1.30	F+1.39	F+1.44	F+1.46	F+1.46	F+I.44	F+1.43	F+1.42	F+1.40
Y 6	G-0.49	G+0.81	F+1.52	F+1.57	F+1.60	F+1.61	F+1.61	F+1.60	F+1.59	F+1.59	F+1.57
Y 7	G+1.85	G+1.85	F+1.85	F+1.85	F+1.85	F+1.85	F+1.84	F+1.84	F+1.84	F+1.84	F+1.83
Y 8	G+4.20	G+2.90	F+2.19	F+2.13	F+2.09	F+2.08	F+2.08	F+2.08	F+2.08	F+2.08	F+2.09
Y 9	G+6.42	G+3.90	F+2.41	F+2.31	F+2.25	F+2.23	F+2.23	F+2.24	F+2.24	F+2.24	F+2.26
Y 10	G+12.6	G+11.9	G+10.5	G+9.29	G+8.96	G+9.37	G+9.37	G+9.15	G+9.00	G+8.86	G+8.61

FORTRAN-PROGRAMM ZUR BERECHNUNG DREIDIM. STATION. TEMPERATUR- UND WAERME-
STROMVERTEILUNGEN - VAX 11/780 - BAM 2.44 - 15.06.83 - PROBLEM-NR. 150683
SCHALENBAUSTEIN, ROHDKL1000

GEOMETR. ZUORDNUNG DER BAUSTOFFE UND TEMPERATUREN IN GRAD C, PARAMETER IST X= 1

	Z 16	Z 17	Z 18	Z 19	Z 20	Z 21	Z 22	Z 23	Z 24	Z 25	Z 26
Y 11	E+16.8	E+16.9	E+17.0	G+16.3	G+16.2	E+17.1	E+17.1	E+17.0	G+16.6	G+16.2	G+16.1
Y 12	E+17.5	E+17.6	E+17.7	E+17.9	E+18.0	E+17.8	E+17.8	E+17.9	E+17.9	E+18.0	E+18.0
Y 13	D+20.0	D+20.0	D+20.0	D+20.0	D+20.0	D+20.0	D+20.0	D+20.0	D+20.0	D+20.0	D+20.0

FORTRAN-PROGRAMM ZUR BERECHNUNG DREIDIM. STATION. TEMPERATUR- UND WAERME-
STROMVERTEILUNGEN - VAX 11/780 - BAM 2.44 - 15.06.83 - PROBLEM-NR. 150683
SCHALENBAUSTEIN, ROHDKL1000

GEOMETR. ZUORDNUNG DER BAUSTOFFE UND TEMPERATUREN IN GRAD C, PARAMETER IST X= 2

	Z 1	Z 2	Z 3	Z 4	Z 5	Z 6	Z 7	Z 8	Z 9	Z 10	Z 11	Z 12	Z 13	Z 14	Z 15
Y 1	B-15.0	B-15.0	B-15.0	B-15.0	B-15.0	B-15.0	B-15.0	B-15.0	B-15.0	B-15.0	B-15.0	B-15.0	B-15.0	B-15.0	B-15.0
Y 2	E-13.8	E-13.9	E-13.9	E-13.9	E-13.9	E-13.9	E-13.9	E-13.9	E-13.9	E-13.8	E-13.8	E-13.7	E-13.4	E-13.4	E-13.8
Y 3	G-12.0	G-12.3	G-12.6	E-13.0	E-13.1	E-13.2	E-13.2	E-13.2	E-13.2	E-13.2	E-13.1	E-13.0	E-12.0	E-11.8	G-12.5
Y 4	G-5.58	G-5.54	G-5.59	G-5.66	G-5.74	G-5.78	G-5.82	G-6.04	G-6.72	G-7.96	G-8.55	G-9.28	E-9.86	E-9.76	G-9.02
Y 5	F+1.02	F+1.25	F+1.31	F+1.35	F+1.42	F+1.47	F+1.48	F+1.44	F+1.37	G+0.09	G-2.10	G-4.81	E-7.30	E-7.27	G-4.78
Y 6	F+1.41	F+1.51	F+1.54	F+1.57	F+1.61	F+1.64	F+1.64	F+1.62	F+1.58	G+1.01	G-0.07	G-1.38	G-4.63	G-4.61	G-1.37
Y 7	F+1.91	F+1.91	F+1.90	F+1.90	F+1.90	F+1.89	F+1.89	F+1.89	F+1.89	G+1.89	G+1.88	G+1.88	G+1.86	G+1.87	G+1.86
Y 8	F+2.42	F+2.30	F+2.27	F+2.24	F+2.19	F+2.15	F+2.14	F+2.16	F+2.19	G+2.76	G+3.82	G+5.11	G+8.32	G+8.35	G+5.11
Y 9	F+2.82	F+2.57	F+2.50	F+2.46	F+2.37	F+2.31	F+2.30	F+2.33	F+2.40	G+3.65	G+5.81	G+8.50	E+11.0	E+11.0	G+8.53
Y 10	G+10.0	G+9.70	G+9.54	G+9.35	G+9.04	G+8.93	G+9.42	G+9.70	G+10.0	G+11.3	G+11.9	G+12.8	E+13.5	E+13.6	G+13.0

FORTRAN-PROGRAMM ZUR BERECHNUNG DREIDIM. STATION. TEMPERATUR- UND WAERME-
STROMVERTEILUNGEN - VAX 11/780 - BAM 2.44 - 15.06.83 - PROBLEM-NR. 150683
SCHALENBAUSTEIN, ROHDKL1000

GEOMETR. ZUORDNUNG DER BAUSTOFFE UND TEMPERATUREN IN GRAD C, PARAMETER IST X= 2

	Z 1	Z 2	Z 3	Z 4	Z 5	Z 6	Z 7	Z 8	Z 9	Z 10	Z 11	Z 12	Z 13	Z 14	Z 15
Y 11	E+16.5	E+16.6	E+16.6	G+16.4	G+16.1	G+16.2	E+17.1	E+17.1	G+16.4	G+16.5	G+16.4	G+16.2	E+15.6	E+15.7	E+16.7
Y 12	E+17.3	E+17.5	E+17.6	E+17.7	E+17.8	E+17.9	E+17.8	E+17.8	E+17.9	E+17.8	E+17.7	E+17.6	E+17.1	E+17.1	E+17.4
Y 13	D+20.0	D+20.0	D+20.0	D+20.0	D+20.0	D+20.0	D+20.0	D+20.0	D+20.0	D+20.0	D+20.0	D+20.0	D+20.0	D+20.0	D+20.0

FORTRAN-PROGRAMM ZUR BERECHNUNG DREIDIM. STATION. TEMPERATUR- UND WAERME-
STROMVERTEILUNGEN - VAX 11/780 - BAM 2.44 - 15.06.83 - PROBLEM-NR. 150683
SCHALENBAUSTEIN, ROHDKL1000

GEOMETR. ZUORDNUNG DER BAUSTOFFE UND TEMPERATUREN IN GRAD C, PARAMETER IST X= 2

	Z 16	Z 17	Z 18	Z 19	Z 20	Z 21	Z 22	Z 23	Z 24	Z 25	Z 26
Y 1	B-15.0	B-15.0	B-15.0	B-15.0	B-15.0	B-15.0	B-15.0	B-15.0	B-15.0	B-15.0	B-15.0
Y 2	E-13.9	E-14.0	E-14.0	E-14.0	E-14.0	E-14.0	E-14.0	E-13.9	E-13.8	E-13.7	E-13.6
Y 3	G-12.6	G-12.6	G-12.6	E-13.2	E-13.2	G-12.3	G-12.3	G-12.6	E-12.9	E-12.9	E-12.8
Y 4	G-8.18	G-7.53	G-6.24	G-5.90	G-5.62	G-5.15	G-5.28	G-5.61	G-5.80	G-5.98	G-6.33
Y 5	G-2.07	G+0.09	F+1.35	F+1.42	F+1.45	F+1.43	F+1.37	F+1.29	F+1.24	F+1.17	F+0.92
Y 6	G-0.08	G+0.99	F+1.55	F+1.59	F+1.61	F+1.60	F+1.56	F+1.50	F+1.48	F+1.44	F+1.32
Y 7	G+1.86	G+1.86	F+1.86	F+1.86	F+1.86	F+1.85	F+1.85	F+1.84	F+1.84	F+1.84	F+1.83
Y 8	G+3.81	G+2.74	F+2.17	F+2.13	F+2.11	F+2.11	F+2.14	F+2.18	F+2.20	F+2.23	F+2.33
Y 9	G+5.83	G+3.65	F+2.38	F+2.30	F+2.27	F+2.28	F+2.32	F+2.39	F+2.43	F+2.49	F+2.72
Y 10	G+12.3	G+11.7	G+10.5	G+9.83	G+9.61	G+9.57	G+9.51	G+9.42	G+9.33	G+9.28	G+9.28

```
FORTRAN-PROGRAMM ZUR BERECHNUNG DREIDIM. STATION. TEMPERATUR- UND WAERME-
STROMVERTEILUNGEN - VAX 11/780 - BAM 2.44 - 15.06.83 - PROBLEM-NR. 150683
SCHALENBAUSTEIN, ROHDKL1000

GEOMETR. ZUORDNUNG DER BAUSTOFFE UND TEMPERATUREN IN GRAD C, PARAMETER IST X= 2

        Z 16   Z 17   Z 18   Z 19   Z 20   Z 21   Z 22   Z 23   Z 24   Z 25   Z 26

      +------+------+------+------+------+------+------+------+------+------+------+
      |      |      |      |      |      |      |      |      |      |      |      |
 Y 11 |E+16.9|E+17.0|E+17.0|E+17.1|E+17.1|E+17.0|E+17.0|E+16.9|G+16.4|G+16.1|G+15.7|
      |      |      |      |      |      |      |      |      |      |      |      |
      +------+------+------+------+------+------+------+------+------+------+------+
      |      |      |      |      |      |      |      |      |      |      |      |
 Y 12 |E+17.5|E+17.6|E+17.7|E+17.8|E+17.8|E+17.8|E+17.7|E+17.7|E+17.7|E+17.6|E+17.5|
      |      |      |      |      |      |      |      |      |      |      |      |
      *------*------*------*------*------*------*------*------*------*------*------*
      |      |      |      |      |      |      |      |      |      |      |      |
 Y 13 |D+20.0|D+20.0|D+20.0|D+20.0|D+20.0|D+20.0|D+20.0|D+20.0|D+20.0|D+20.0|D+20.0|
      |      |      |      |      |      |      |      |      |      |      |      |
      *------*------*------*------*------*------*------*------*------*------*------*
```

FORTRAN-PROGRAMM ZUR BERECHNUNG DREIDIM. STATION. TEMPERATUR- UND WAERME-
STROMVERTEILUNGEN - VAX 11/780 - BAM 2.44 - 15.06.83 - PROBLEM-NR. 150683
SCHALENBAUSTEIN, ROHDKL1000

GEOMETR. ZUORDNUNG DER BAUSTOFFE UND TEMPERATUREN IN GRAD C, PARAMETER IST X= 3

	Z 1	Z 2	Z 3	Z 4	Z 5	Z 6	Z 7	Z 8	Z 9	Z 10	Z 11	Z 12	Z 13	Z 14	Z 15
Y 1	B-15.0	B-15.0	B-15.0	B-15.0	B-15.0	B-15.0	B-15.0	B-15.0	B-15.0	B-15.0	B-15.0	B-15.0	B-15.0	B-15.0	B-15.0
Y 2	E-12.9	E-13.6	E-13.7	E-13.8	E-13.9	E-13.9	E-13.9	E-13.9	E-13.9	E-13.9	E-13.9	E-13.9	E-13.8	E-13.9	E-14.0
Y 3	E-10.5	G-11.7	G-12.1	G-12.3	G-12.5	E-13.2	E-13.2	E-13.2	E-13.2	E-13.2	E-13.2	E-13.2	E-13.1	G-12.7	G-12.7
Y 4	E-7.32	G-7.02	G-6.68	G-6.40	G-5.75	G-5.80	G-5.83	G-5.93	G-6.23	G-6.73	G-7.04	G-7.55	G-8.63	G-8.27	G-7.12
Y 5	E-2.02	G-1.10	G-0.09	G+0.82	F+1.42	F+1.47	F+1.48	F+1.47	F+1.43	F+1.40	F+1.38	G+0.31	G-2.56	G-2.51	G+0.32
Y 6	G-0.65	G+0.54	G+0.99	G+1.39	F+1.61	F+1.63	F+1.64	F+1.64	F+1.61	F+1.60	F+1.58	G+1.15	G-0.29	G-0.27	G+1.14
Y 7	G+1.91	G+1.90	G+1.90	G+1.90	F+1.89	F+1.89	F+1.89	F+1.89	F+1.88	F+1.88	F+1.88	G+1.88	G+1.87	G+1.87	G+1.87
Y 8	G+4.51	G+3.29	G+2.82	G+2.40	F+2.17	F+2.14	F+2.13	F+2.14	F+2.15	F+2.17	F+2.18	G+2.61	G+4.02	G+4.03	G+2.60
Y 9	E+5.91	G+4.97	G+3.93	G+2.99	F+2.36	F+2.31	F+2.29	F+2.30	F+2.33	F+2.36	F+2.38	G+3.42	G+6.25	G+6.29	G+3.44
Y 10	E+11.4	G+11.1	G+10.8	G+10.5	G+9.72	G+9.01	G+9.01	G+9.56	G+9.85	G+10.2	G+10.4	G+10.9	G+12.0	G+12.4	G+11.3

```
FORTRAN-PROGRAMM ZUR BERECHNUNG DREIDIM. STATION. TEMPERATUR- UND WAERME-
STROMVERTEILUNGEN - VAX 11/780 - BAM 2.44 - 15.06.83 - PROBLEM-NR. 150683
SCHALENBAUSTEIN, ROHDKL1000

GEOMETR. ZUORDNUNG DER BAUSTOFFE UND TEMPERATUREN IN GRAD C, PARAMETER IST X= 3
```

	Z 1	Z 2	Z 3	Z 4	Z 5	Z 6	Z 7	Z 8	Z 9	Z 10	Z 11	Z 12	Z 13	Z 14	Z 15
Y 11	E+14.7	E+16.1	E+16.4	E+16.6	E+16.7	G+16.1	G+16.3	E+17.1	E+17.1	E+17.1	G+16.7	G+16.5	G+16.5	E+16.9	E+17.0
Y 12	E+16.5	E+17.1	E+17.2	E+17.4	E+17.6	E+17.8	E+17.9	E+17.9	E+17.9	E+17.9	E+17.9	E+17.9	E+17.8	E+17.6	E+17.7
Y 13	D+20.0	D+20.0	D+20.0	D+20.0	D+20.0	D+20.0	D+20.0	D+20.0	D+20.0	D+20.0	D+20.0	D+20.0	D+20.0	D+20.0	D+20.0

FORTRAN-PROGRAMM ZUR BERECHNUNG DREIDIM. STATION. TEMPERATUR- UND WAERME-
STROMVERTEILUNGEN - VAX 11/780 - BAM 2.44 - 15.06.83 - PROBLEM-NR. 150683
SCHALENBAUSTEIN, ROHDKL1000

GEOMETR. ZUORDNUNG DER BAUSTOFFE UND TEMPERATUREN IN GRAD C, PARAMETER IST X= 3

	Z 16	Z 17	Z 18	Z 19	Z 20	Z 21	Z 22	Z 23	Z 24	Z 25	Z 26
Y 1	B-15.0	B-15.0	B-15.0	B-15.0	B-15.0	B-15.0	B-15.0	B-15.0	B-15.0	B-15.0	B-15.0
Y 2	E-14.0	E-14.0	E-14.0	E-14.0	E-14.0	E-14.0	E-13.8	E-13.7	E-13.6	E-13.5	E-13.0
Y 3	G-12.9	E-13.2	E-13.2	E-13.2	G-12.4	G-12.3	E-13.0	E-12.9	E-12.7	E-12.5	E-11.1
Y 4	G-6.66	G-6.43	G-6.05	G-5.75	G-5.22	G-5.24	G-5.99	G-6.82	G-7.16	G-7.50	E-7.74
Y 5	F+1.37	F+1.39	F+1.42	F+1.45	F+1.46	F+1.44	F+1.39	G+0.75	G-0.21	G-1.26	E-2.22
Y 6	F+1.57	F+1.58	F+1.60	F+1.61	F+1.62	F+1.60	F+1.57	G+1.34	G+0.91	G+0.43	G-0.81
Y 7	F+1.87	F+1.87	F+1.86	F+1.86	F+1.86	F+1.86	F+1.85	G+1.85	G+1.84	G+1.83	G+1.81
Y 8	F+2.16	F+2.15	F+2.14	F+2.11	F+2.10	F+2.11	F+2.13	G+2.35	G+2.74	G+3.19	G+4.35
Y 9	F+2.37	F+2.35	F+2.32	F+2.28	F+2.26	F+2.28	F+2.32	G+2.92	G+3.81	G+4.80	E+5.70
Y 10	G+10.8	G+10.5	G+10.0	G+9.72	G+9.62	G+9.58	G+9.49	G+10.1	G+10.4	G+10.7	E+10.9

FORTRAN-PROGRAMM ZUR BERECHNUNG DREIDIM. STATION. TEMPERATUR- UND WAERME-
STROMVERTEILUNGEN - VAX 11/780 - BAM 2.44 - 15.06.83 - PROBLEM-NR. 150683
SCHALENBAUSTEIN, ROHDKL1000

GEOMETR. ZUORDNUNG DER BAUSTOFFE UND TEMPERATUREN IN GRAD C, PARAMETER IST X= 3

	Z 16	Z 17	Z 18	Z 19	Z 20	Z 21	Z 22	Z 23	Z 24	Z 25	Z 26
Y 11	E+17.1	E+17.1	E+17.1	E+17.1	E+17.1	E+17.0	G+16.2	G+16.0	G+15.8	G+15.3	E+14.1
Y 12	E+17.7	E+17.7	E+17.8	E+17.8	E+17.8	E+17.7	E+17.7	E+17.5	E+17.4	E+17.2	E+16.4
Y 13	D+20.0	D+20.0	D+20.0	D+20.0	D+20.0	D+20.0	D+20.0	D+20.0	D+20.0	D+20.0	D+20.0

```
FORTRAN-PROGRAMM ZUR BERECHNUNG DREIDIM. STATION. TEMPERATUR- UND WAERME-
STROMVERTEILUNGEN - VAX 11/780 - BAM 2.44 - 15.06.83 - PROBLEM-NR. 150683
SCHALENBAUSTEIN, ROHDKL1000
```

GEOMETR. ZUORDNUNG DER BAUSTOFFE UND TEMPERATUREN IN GRAD C, PARAMETER IST X= 4

	Z 1	Z 2	Z 3	Z 4	Z 5	Z 6	Z 7	Z 8	Z 9	Z 10	Z 11	Z 12	Z 13	Z 14	Z 15
Y 1	B-15.0	B-15.0	B-15.0	B-15.0	B-15.0	B-15.0	B-15.0	B-15.0	B-15.0	B-15.0	B-15.0	B-15.0	B-15.0	B-15.0	B-15.0
Y 2	E-12.8	E-13.5	E-13.7	E-13.8	E-13.9	E-13.9	E-13.9	E-13.9	E-13.9	E-13.9	E-13.9	E-13.9	E-13.9	E-14.0	E-14.0
Y 3	E-10.7	G-11.7	G-12.1	G-12.3	G-12.4	E-13.2	E-13.2	E-13.2	E-13.2	E-13.2	E-13.2	E-13.2	E-13.2	G-12.5	G-12.6
Y 4	E-7.81	G-7.50	G-7.07	G-6.69	G-5.85	G-5.82	G-5.79	G-5.78	G-5.95	G-6.21	G-6.35	G-6.54	G-6.99	G-6.50	G-6.08
Y 5	E-3.94	G-2.58	G-0.95	G+0.50	F+1.41	F+1.46	F+1.49	F+1.48	F+1.46	F+1.44	F+1.43	F+1.42	F+1.36	F+1.36	F+1.41
Y 6	G-2.22	G-0.27	G+0.52	G+1.22	F+1.60	F+1.63	F+1.65	F+1.64	F+1.63	F+1.62	F+1.61	F+1.60	F+1.57	F+1.57	F+1.60
Y 7	G+1.92	G+1.90	G+1.90	G+1.89	F+1.89	F+1.89	F+1.89	F+1.89	F+1.88	F+1.88	F+1.88	F+1.88	F+1.88	F+1.87	F+1.87
Y 8	G+6.10	G+4.11	G+3.29	G+2.57	F+2.18	F+2.14	F+2.12	F+2.12	F+2.14	F+2.15	F+2.15	F+2.16	F+2.19	F+2.18	F+2.15
Y 9	E+7.84	G+6.45	G+4.80	G+3.30	F+2.37	F+2.31	F+2.28	F+2.28	F+2.30	F+2.32	F+2.33	F+2.34	F+2.39	F+2.40	F+2.34
Y 10	E+11.8	G+11.6	G+11.2	G+10.8	G+9.90	G+9.05	G+8.94	G+9.49	G+9.69	G+9.77	G+9.79	G+9.88	G+10.3	G+10.8	G+10.3

FORTRAN-PROGRAMM ZUR BERECHNUNG DREIDIM. STATION. TEMPERATUR- UND WAERME-
STROMVERTEILUNGEN - VAX 11/780 - BAM 2.44 - 15.06.83 - PROBLEM-NR. 150683
SCHALENBAUSTEIN, ROHDKL1000

GEOMETR. ZUORDNUNG DER BAUSTOFFE UND TEMPERATUREN IN GRAD C, PARAMETER IST X= 4

	Z 1	Z 2	Z 3	Z 4	Z 5	Z 6	Z 7	Z 8	Z 9	Z 10	Z 11	Z 12	Z 13	Z 14	Z 15
Y 11	E+14.6	E+16.1	E+16.4	E+16.5	E+16.7	G+16.1	G+16.2	E+17.1	E+17.1	E+17.1	G+16.7	G+16.4	G+16.4	E+17.1	E+17.1
Y 12	E+16.4	E+17.0	E+17.2	E+17.3	E+17.5	E+17.8	E+17.9	E+17.9	E+17.9	E+17.9	E+17.9	E+17.9	E+17.9	E+17.7	E+17.8
Y 13	D+20.0	D+20.0	D+20.0	D+20.0	D+20.0	D+20.0	D+20.0	D+20.0	D+20.0	D+20.0	D+20.0	D+20.0	D+20.0	D+20.0	D+20.0

```
FORTRAN-PROGRAMM ZUR BERECHNUNG DREIDIM. STATION. TEMPERATUR- UND WAERME-
STROMVERTEILUNGEN - VAX 11/780 - BAM 2.44 - 15.06.83 - PROBLEM-NR. 150683
SCHALENBAUSTEIN, ROHDKL1000

GEOMETR. ZUORDNUNG DER BAUSTOFFE UND TEMPERATUREN IN GRAD C, PARAMETER IST X= 4
```

	Z 16	Z 17	Z 18	Z 19	Z 20	Z 21	Z 22	Z 23	Z 24	Z 25	Z 26
Y 1	B-15.0	B-15.0	B-15.0	B-15.0	B-15.0	B-15.0	B-15.0	B-15.0	B-15.0	B-15.0	B-15.0
Y 2	E-14.0	E-14.0	E-14.0	E-14.0	E-14.0	E-14.0	E-13.8	E-13.6	E-13.5	E-13.4	E-12.9
Y 3	G-12.8	E-13.2	E-13.2	E-13.2	G-12.3	G-12.3	E-13.0	E-12.9	E-12.7	E-12.5	E-11.1
Y 4	G-5.99	G-5.97	G-5.88	G-5.68	G-5.14	G-5.29	G-6.19	G-7.17	G-7.57	G-7.97	E-8.19
Y 5	F+1.42	F+1.43	F+1.45	F+1.47	F+1.47	F+1.44	F+1.37	G+0.43	G-1.09	G-2.78	E-4.19
Y 6	F+1.60	F+1.61	F+1.62	F+1.62	F+1.62	F+1.60	F+1.57	G+1.17	G+0.43	G-0.40	G-2.42
Y 7	F+1.87	F+1.87	F+1.87	F+1.86	F+1.86	F+1.86	F+1.86	G+1.85	G+1.83	G+1.82	G+1.78
Y 8	F+2.14	F+2.13	F+2.12	F+2.11	F+2.10	F+2.12	F+2.14	G+2.52	G+3.20	G+3.98	G+5.88
Y 9	F+2.32	F+2.31	F+2.29	F+2.27	F+2.26	F+2.29	F+2.34	G+3.23	G+4.65	G+6.24	E+7.58
Y 10	G+10.1	G+10.0	G+9.74	G+9.58	G+9.59	G+9.59	G+9.58	G+10.4	G+10.7	G+11.1	E+11.4

```
FORTRAN-PROGRAMM ZUR BERECHNUNG DREIDIM. STATION. TEMPERATUR- UND WAERME-
STROMVERTEILUNGEN - VAX 11/780 - BAM 2.44 - 15.06.83 - PROBLEM-NR. 150683
SCHALENBAUSTEIN, ROHDKL1000

GEOMETR. ZUORDNUNG DER BAUSTOFFE UND TEMPERATUREN IN GRAD C, PARAMETER IST X=  4

           Z 16    Z 17    Z 18    Z 19    Z 20    Z 21    Z 22    Z 23    Z 24    Z 25    Z 26

       +------+------+------+------+------+------+------+------+------+------+------+
       |      |      |      |      |      |      |      |      |      |      |      |
 Y 11  |E+17.1|E+17.1|E+17.1|E+17.1|E+17.1|E+17.0|G+16.2|G+15.9|G+15.8|G+15.3|E+14.2|
       |      |      |      |      |      |      |      |      |      |      |      |
       +------+------+------+------+------+------+------+------+------+------+------+
       |      |      |      |      |      |      |      |      |      |      |      |
 Y 12  |E+17.8|E+17.8|E+17.8|E+17.8|E+17.8|E+17.7|E+17.7|E+17.5|E+17.3|E+17.1|E+16.3|
       |      |      |      |      |      |      |      |      |      |      |      |
       *------*------*------*------*------*------*------*------*------*------*------*
       |      |      |      |      |      |      |      |      |      |      |      |
 Y 13  |D+20.0|D+20.0|D+20.0|D+20.0|D+20.0|D+20.0|D+20.0|D+20.0|D+20.0|D+20.0|D+20.0|
       |      |      |      |      |      |      |      |      |      |      |      |
       *------*------*------*------*------*------*------*------*------*------*------*
```

FORTRAN-PROGRAMM ZUR BERECHNUNG DREIDIM. STATION. TEMPERATUR- UND WAERME-
STROMVERTEILUNGEN - VAX 11/780 - BAM 2.44 - 15.06.83 - PROBLEM-NR. 150683
SCHALENBAUSTEIN, ROHDKL1000

GEOMETR. ZUORDNUNG DER BAUSTOFFE UND TEMPERATUREN IN GRAD C, PARAMETER IST X= 5

	Z 1	Z 2	Z 3	Z 4	Z 5	Z 6	Z 7	Z 8	Z 9	Z 10	Z 11	Z 12	Z 13	Z 14	Z 15
Y 1	B-15.0	B-15.0	B-15.0	B-15.0	B-15.0	B-15.0	B-15.0	B-15.0	B-15.0	B-15.0	B-15.0	B-15.0	B-15.0	B-15.0	B-15.0
Y 2	E-13.0	E-13.6	E-13.7	E-13.8	E-13.9	E-13.9	E-13.9	E-14.1	E-14.1	E-14.0	E-14.0	E-14.0	E-13.9	E-14.1	E-14.1
Y 3	E-11.2	G-12.1	G-12.4	G-12.4	G-12.5	E-13.2	E-13.2	G-12.3	G-12.3	G-12.7	E-13.1	E-13.2	E-13.2	G-12.3	G-12.4
Y 4	E-9.06	G-8.55	G-7.87	G-7.30	G-6.12	G-5.87	G-5.65	G-5.10	G-5.07	G-5.30	G-5.45	G-5.56	G-5.70	G-5.07	G-5.18
Y 5	E-6.69	G-4.58	G-2.09	G+0.08	F+1.37	F+1.45	F+1.49	F+1.52	F+1.52	F+1.52	F+1.52	F+1.51	F+1.50	F+1.51	F+1.51
Y 6	G-4.43	G-1.41	G-0.14	G+0.97	F+1.57	F+1.62	F+1.65	F+1.66	F+1.67	F+1.66	F+1.66	F+1.66	F+1.65	F+1.65	F+1.65
Y 7	G+1.92	G+1.90	G+1.89	G+1.89	F+1.89	F+1.88	F+1.88	F+1.88	F+1.88	F+1.88	F+1.88	F+1.88	F+1.88	F+1.88	F+1.87
Y 8	G+8.29	G+5.23	G+3.95	G+2.81	F+2.20	F+2.15	F+2.12	F+2.10	F+2.10	F+2.10	F+2.10	F+2.10	F+2.10	F+2.10	F+2.09
Y 9	E+10.6	G+8.44	G+5.92	G+3.72	F+2.41	F+2.32	F+2.27	F+2.25	F+2.25	F+2.24	F+2.24	F+2.24	F+2.25	F+2.25	F+2.24
Y 10	E+12.9	G+12.6	G+12.0	G+11.4	G+10.2	G+9.13	G+8.89	G+9.38	G+9.42	G+9.24	G+9.11	G+9.00	G+8.89	G+9.52	G+9.38

FORTRAN-PROGRAMM ZUR BERECHNUNG DREIDIM. STATION. TEMPERATUR- UND WAERME-
STROMVERTEILUNGEN - VAX 11/780 - BAM 2.44 - 15.06.83 - PROBLEM-NR. 150683
SCHALENBAUSTEIN, ROHDKL1000

GEOMETR. ZUORDNUNG DER BAUSTOFFE UND TEMPERATUREN IN GRAD C, PARAMETER IST X= 5

	Z 1	Z 2	Z 3	Z 4	Z 5	Z 6	Z 7	Z 8	Z 9	Z 10	Z 11	Z 12	Z 13	Z 14	Z 15
Y 11	E+15.1	E+16.2	E+16.5	E+16.6	E+16.8	G+16.1	G+16.2	E+17.1	E+17.1	E+17.0	G+16.6	G+16.3	G+16.2	E+17.1	E+17.1
Y 12	E+16.5	E+17.0	E+17.2	E+17.3	E+17.5	E+17.8	E+17.9	E+17.9	E+17.9	E+17.9	E+18.0	E+18.0	E+18.0	E+17.9	E+17.9
Y 13	D+20.0	D+20.0	D+20.0	D+20.0	D+20.0	D+20.0	D+20.0	D+20.0	D+20.0	D+20.0	D+20.0	D+20.0	D+20.0	D+20.0	D+20.0

FORTRAN-PROGRAMM ZUR BERECHNUNG DREIDIM. STATION. TEMPERATUR- UND WAERME-
STROMVERTEILUNGEN - VAX 11/780 - BAM 2.44 - 15.06.83 - PROBLEM-NR. 150683
SCHALENBAUSTEIN, ROHDKL1000

GEOMETR. ZUORDNUNG DER BAUSTOFFE UND TEMPERATUREN IN GRAD C, PARAMETER IST X= 5

	Z 16	Z 17	Z 18	Z 19	Z 20	Z 21	Z 22	Z 23	Z 24	Z 25	Z 26
Y 1	B-15.0	B-15.0	B-15.0	B-15.0	B-15.0	B-15.0	B-15.0	B-15.0	B-15.0	B-15.0	B-15.0
Y 2	E-14.0	E-14.0	E-14.0	E-14.0	E-14.0	E-14.0	E-13.8	E-13.7	E-13.6	E-13.5	E-13.1
Y 3	G-12.7	E-13.1	E-13.2	E-13.2	G-12.3	G-12.3	E-13.1	E-13.0	E-12.9	E-12.7	E-11.6
Y 4	G-5.29	G-5.42	G-5.59	G-5.56	G-5.10	G-5.37	G-6.49	G-7.77	G-8.34	G-8.97	E-9.39
Y 5	F+1.51	F+1.51	F+1.51	F+1.50	F+1.48	F+1.43	F+1.34	G+0.00	G-2.24	G-4.81	E-6.97
Y 6	F+1.65	F+1.65	F+1.65	F+1.65	F+1.63	F+1.60	F+1.55	G+0.92	G-0.24	G-1.56	G-4.67
Y 7	F+1.87	F+1.87	F+1.87	F+1.87	F+1.86	F+1.86	F+1.86	G+1.85	G+1.83	G+1.80	G+1.74
Y 8	F+2.09	F+2.09	F+2.09	F+2.09	F+2.10	F+2.13	F+2.17	G+2.76	G+3.85	G+5.08	G+8.03
Y 9	F+2.24	F+2.23	F+2.23	F+2.23	F+2.25	F+2.30	F+2.38	G+3.64	G+5.76	G+8.20	E+10.3
Y 10	G+9.27	G+9.12	G+8.89	G+8.91	G+9.44	G+9.63	G+9.82	G+10.9	G+11.5	G+12.1	E+12.6

FORTRAN-PROGRAMM ZUR BERECHNUNG DREIDIM. STATION. TEMPERATUR- UND WAERME-
STROMVERTEILUNGEN - VAX 11/780 - BAM 2.44 - 15.06.83 - PROBLEM-NR. 150683
SCHALENBAUSTEIN, ROHDKL1000

GEOMETR. ZUORDNUNG DER BAUSTOFFE UND TEMPERATUREN IN GRAD C, PARAMETER IST X= 5

	Z 16	Z 17	Z 18	Z 19	Z 20	Z 21	Z 22	Z 23	Z 24	Z 25	Z 26
Y 11	E+17.0	G+16.7	G+16.2	G+16.2	E+17.0	E+17.0	G+16.2	G+16.1	G+16.0	G+15.6	E+14.7
Y 12	E+17.9	E+17.9	E+18.0	E+18.0	E+17.8	E+17.7	E+17.7	E+17.5	E+17.3	E+17.1	E+16.4
Y 13	D+20.0	D+20.0	D+20.0	D+20.0	D+20.0	D+20.0	D+20.0	D+20.0	D+20.0	D+20.0	D+20.0

FORTRAN-PROGRAMM ZUR BERECHNUNG DREIDIM. STATION. TEMPERATUR- UND WAERME-
STROMVERTEILUNGEN - VAX 11/780 - BAM 2.44 - 15.06.83 - PROBLEM-NR. 150683
SCHALENBAUSTEIN, ROHDKL1000

ENDE DER RECHNUNG - CPU-ZEIT IN S =   82.0

6.3 Ein- und Ausgabe: Kunststoff-Fenster
mit Stahlaussteifung

```
/*
  150683
´(´KUNSTST.FENSTER M.METALLK.,TAUWASERTEMP.BER.,RANDTEMP.=-15/20 0 C´)´
  42    51     1      1    0.1      1
   1
   1     1    42      2      1      51     3     1     1     1     0     0
  27
1.0000        1     41     42
0.0650        2      1      3
0.0001        4      2      6
0.0001       15     15     15
0.0001       17      4     21
0.0014        5     13     18
0.0017        7      7      7
0.0010        8     20     28
0.0010       26     26     26
0.0015        9      4     13
0.0015       14      6     20
0.0015       30      7     37
0.0033       10     14     24
0.0033       39     39     39
0.0023       11     11     11
0.0023       34      1     36
0.0018       12     26     38
0.0020       16     16     32
0.0020       19     19     19
0.0039       22     22     22
0.0087       23     23     23
0.0030       25     25     25
0.0005       27     27     27
0.0035       29     29     29
0.0004       31     31     31
0.0500       40      1     41
0.0003       33     33     33
  38
0.1000        1      1      1
0.0500        2      2      2
0.0200        3      3      3
0.0100        4      4      4
0.0001        5      2      7
0.0001       15     22     37
0.0079        6      6      6
0.0017        8     27     35
0.0017       41     41     41
0.0013        9      9      9
0.0060       10     10     10
0.0023       11     19     30
0.0034       12     12     12
0.0030       13      3     16
0.0030       21      5     26
0.0020       14     24     38
0.0004       17     17     17
0.0010       18      7     25
0.0010       34      8     42
0.0010       46     46     46
0.0015       19      5     24
0.0015       36      4     40
0.0015       43      2     45
0.0043       20     20     20
0.0120       22     22     22
0.0080       23     23     23
0.0002       27     27     27
0.0028       28     28     28
0.0050       29      4     33
0.0024       31     31     31
0.0033       32     32     32
0.0110       39     39     39
0.0260       44     44     44
0.0039       47     47     47
```

```
 0.0001          48        48        48
 0.0499          49        49        49
 0.3000          50        50        50
 0.7500          51        51        51
  1
 1.0000           1         1         1
  13
´(´1,WAERMEUEBERGANG,AUSSEN´)´
    1        3        0
   20       23
´(´2,WAERMEUEBERGANG,INNEN´)´
    1        3        0
   20        5.882
´(´3,PVC HART  ´)´
    1        4        0
   20        0.15
´(´4,GLAS  ´)´
    1        4        0
   20        0.8
´(´5,STAHL  ´)´
    1        4        0
   20       60
´(´6,DICHTUNG  ´)´
    1        4        0
   20        0.2
´(´7,ALUMINIUM  ´)´
    1        4        0
   20      200
´(´8,VERKLOTZUNG  ´)´
    1        4        0
   20        0.2
´(´9,WAND, POLYSTYROL(PS)-HARTSCHAUM´)´
    1        4        0
   20        0.03
´(´10,LUFTRAUM,1/GRLAM=F(S)´)´
   23       30        1
0.00001     0.0001
0.00100     0.0333
0.00250     0.0760
0.00500     0.1100
0.00750     0.1350
0.01000     0.1400
0.01500     0.1400
0.01750     0.1400
0.01900     0.1400
0.01925     0.1405
0.01950     0.1410
0.01975     0.1435
0.01985     0.1490
0.02000     0.1550
0.02015     0.1610
0.02025     0.1665
0.02050     0.1690
0.02075     0.1695
0.02100     0.1700
0.02250     0.1700
0.02500     0.1700
0.03000     0.1700
0.05000     0.1700
´(´11,GLASSCHEIBENLUFTRAUM,1/GRLAM=F(S)´)´
    2       30        1
0.01000     0.1250
0.01400     0.1750
´(´12,AUSSENLUFTTEMPERATUR´)´
    1        2        0
    0.      -15
´(´13,INNENLUFTTEMPERATUR´)´
    1        2        0
    0.       20
```

```
107
1   -27   -1   -29   -1   -1   -4   1   1   1
1   -30   -1   -39   -1   -1   -6   1   1   1
1   -40   -1   -42   -1   -1  -47   1   1   1
1   -42  -42   -42  -48   -1  -51   1   1   1
1   -32   -1   -39  -22   -1  -27   1   1   1
1   -30   -1   -31  -22  -22  -22   1   1   1
2    -1   -1   -20   -1   -1   -4   1   1   1
2    -1   -1   -16   -5   -1   -6   1   1   1
2    -1   -1    -5   -7   -1  -14   1   1   1
2    -1   -1    -3  -15   -1  -37   1   1   1
2    -1   -1   -14  -38   -1  -47   1   1   1
2    -1   -1    -1  -48   -1  -51   1   1   1
3     6    1    12    7    1    8   1   1   1
3    13    1    16    7    1    9   1   1   1
3     6    1     7    9    1   37   1   1   1
3     4    1     5   15    1   37   1   1   1
3     8    1    10   14    1   17   1   1   1
3    11    1    13   13    1   17   1   1   1
3    13   13    13   10    1   11   1   1   1
3    14    1    16   11   11   11   1   1   1
3    15    1    16   12    1   13   1   1   1
3    14    1    16   14    1   17   1   1   1
3    17    1    29   15    1   17   1   1   1
3     8    1    28   26   26   26   1   1   1
3    29   29    29   18    1   28   1   1   1
3    30    1    32   11    1   16   1   1   1
3    30    1    39    7    1    9   1   1   1
3    34   34    34   10    1   11   1   1   1
3    33   33    33   11   11   11   1   1   1
3    30    1    39   21   21   21   1   1   1
3    39   39    39   10    1   20   1   1   1
3    39   39    39   28    1   47   1   1   1
3    32    1    38   28   28   28   1   1   1
3    35   35    35   29    1   30   1   1   1
3    33    1    34   30   30   30   1   1   1
3     8    1     9   35    1   37   1   1   1
3    10    1    12   34    1   37   1   1   1
3    10    1    11   32   32   32   1   1   1
3    10   10    10   33   33   33   1   1   1
3    12    1    13   27    1   32   1   1   1
3    15    1    18   33    1   47   1   1   1
3    19    1    23   35    1   37   1   1   1
3    19    1    23   40    1   41   1   1   1
3    24   24    24   35    1   41   1   1   1
3    25    1    29   35    1   37   1   1   1
3    30   30    30   35    1   41   1   1   1
3    31    1    32   30    1   37   1   1   1
3    33    1    38   36    1   37   1   1   1
3    31    1    38   41   41   41   1   1   1
3    19    1    38   47   47   47   1   1   1
4    21    1    22    1    1   12   1   1   1
4    25    1    26    1    1   12   1   1   1
5     9    1    27   19    5   24   1   1   1
5     9    9     9   20    1   23   1   1   1
5    26    1    27   20    1   23   1   1   1
5    20   17    37   43    1   45   1   1   1
5    21    1    36   43    2   45   1   1   1
6    17    1    20    5    1   10   1   1   1
6    27    1    29    5    1   10   1   1   1
6    14    1    16   10   10   10   1   1   1
6    30    1    33   10   10   10   1   1   1
6    30    1    31   23    1   29   1   1   1
6    32    1    34   29   29   29   1   1   1
6    13    1    14   33    1   37   1   1   1
6    11    1    12   33   33   33   1   1   1
7    23    1    24   10    1   12   1   1   1
8    17    1    29   13    1   14   1   1   1
9     2    1    41   48    1   51   1   1   1
```

```
10   -10    -1   -25   -20    -1   -23    1    1    1
10   -21    -1   -36   -44   -44   -44    1    1    1
10   -25    -1   -29   -38    -1   -41    1    1    1
10   -19    -1   -23   -38    -1   -39    1    1    1
10   -31    -1   -38   -38    -1   -40    1    1    1
10   -17    -1   -20   -11    -1   -12    1    1    1
10   -27    -1   -29   -11    -1   -12    1    1    1
10   -36    -1   -38   -29    -1   -30    1    1    1
10   -33    -1   -38   -31    -1   -35    1    1    1
10    -8    -1   -11   -27    -1   -31    1    1    1
10    -8    -1    -9   -32    -1   -34    1    1    1
10   -35    -1   -38   -10    -1   -11    1    1    1
10   -33    -1   -38   -12    -1   -16    1    1    1
10   -30    -1   -38   -17    -1   -20    1    1    1
10    -8    -1   -12    -9    -1   -11    1    1    1
10    -8    -1   -14   -12   -12   -12    1    1    1
10    -8    -1   -10   -13   -13   -13    1    1    1
10   -14   -14   -14   -13   -13   -13    1    1    1
10   -14    -1   -28   -27    -1   -28    1    1    1
10   -14    -1   -29   -29   -29   -29    1    1    1
10   -14    -1   -30   -30    -1   -32    1    1    1
10   -19    -1   -30   -33    -1   -34    1    1    1
10    -8    -1   -28   -18    -7   -25    1    1    1
10    -8   -20   -28   -19    -1   -24    1    1    1
10   -19    -1   -38   -42    -4   -46    1    1    1
10   -19   -19   -38   -43    -1   -45    1    1    1
11   -23    -1   -24     1     1     9    1    1    1
12    27     1    29     1     1     4    1    1    1
12    30     1    39     1     1     6    1    1    1
12    40     1    42     1     1    47    1    1    1
12    42    42    42    48     1    51    1    1    1
12    32     1    39    22     1    27    1    1    1
12    30     1    31    22    22    22    1    1    1
13     1     1    20     1     1     4    1    1    1
13     1     1    16     5     1     6    1    1    1
13     1     1     5     7     1    14    1    1    1
13     1     1     3    15     1    37    1    1    1
13     1     1    14    38     1    47    1    1    1
13     1     1     1    48     1    51    1    1    1
/*
/*
```

```
FORTRAN-PROGRAMM ZUR BERECHNUNG DREIDIM. STATION. TEMPERATUR- UND WAERME-
STROMVERTEILUNGEN - VAX 11/780 - BAM 2.44 - 15.06.83 - PROBLEM-NR. 150683
KUNSTST.FENSTER M.METALLK.,TAUWASERTEMP.BER.,RANDTEMP.=-15/20 0 C

AUSGABEKONFIGURATIONEN

K-NR  PL1  I1  I2 PL2  I1  I2 PL3  I1  I2 KZG KZT KZS

  1    X    1  42   Y   1  51   Z   1   1   1   0   0


LAENGENRASTER IN X-,Y- UND Z-RICHTUNG
```

MASCHEN-NR	DX IN M	DY IN M	DZ IN M
1	1.00000	0.10000	1.00000
2	0.06500	0.05000	
3	0.06500	0.02000	
4	0.00010	0.01000	
5	0.00140	0.00010	
6	0.00010	0.00790	
7	0.00170	0.00010	
8	0.00100	0.00170	
9	0.00150	0.00130	
10	0.00330	0.00600	
11	0.00230	0.00230	
12	0.00180	0.00340	
13	0.00150	0.00300	
14	0.00150	0.00200	
15	0.00010	0.00010	
16	0.00200	0.00300	
17	0.00010	0.00040	
18	0.00140	0.00100	
19	0.00200	0.00150	
20	0.00150	0.00430	
21	0.00010	0.00300	
22	0.00390	0.01200	
23	0.00870	0.00800	
24	0.00330	0.00150	
25	0.00300	0.00100	
26	0.00100	0.00300	
27	0.00050	0.00020	
28	0.00100	0.00280	
29	0.00350	0.00500	
30	0.00150	0.00230	
31	0.00040	0.00240	
32	0.00200	0.00330	
33	0.00030	0.00500	
34	0.00230	0.00100	
35	0.00230	0.00170	
36	0.00230	0.00150	
37	0.00150	0.00010	
38	0.00180	0.00200	
39	0.00330	0.01100	
40	0.05000	0.00150	
41	0.05000	0.00170	
42	1.00000	0.00100	
43		0.00150	
44		0.02600	
45		0.00150	
46		0.00100	
47		0.00390	
48		0.00010	
49		0.04990	
50		0.30000	
51		0.75000	

FUNKTIONSLISTE

FUNKTIONS-NR.   1-A
1,WAERMEUEBERGANG,AUSSEN

INDEX	DUMMY-GROESSE	ALPHA IN W/(M*M*K)	KZT	KZF
1	20.00000	23.00000	3	0

FUNKTIONS-NR.   2-B
2,WAERMEUEBERGANG,INNEN

INDEX	DUMMY-GROESSE	ALPHA IN W/(M*M*K)	KZT	KZF
2	20.00000	5.88200	3	0

FUNKTIONS-NR.   3-C
3,PVC HART

INDEX	THETA IN GRAD C	LAMBDA IN W/(M*K)	KZT	KZF
3	20.00000	0.15000	4	0

FUNKTIONS-NR.   4-D
4,GLAS

INDEX	THETA IN GRAD C	LAMBDA IN W/(M*K)	KZT	KZF
4	20.00000	0.80000	4	0

FUNKTIONS-NR.   5-E
5,STAHL

INDEX	THETA IN GRAD C	LAMBDA IN W/(M*K)	KZT	KZF
5	20.00000	60.00000	4	0

FUNKTIONS-NR.   6-F
6,DICHTUNG

INDEX	THETA IN GRAD C	LAMBDA IN W/(M*K)	KZT	KZF
6	20.00000	0.20000	4	0

FUNKTIONS-NR.   7-G
7,ALUMINIUM

INDEX	THETA IN GRAD C	LAMBDA IN W/(M*K)	KZT	KZF
7	20.00000	200.00000	4	0

FUNKTIONS-NR.   8-H
8,VERKLOTZUNG

INDEX	THETA IN GRAD C	LAMBDA IN W/(M*K)	KZT	KZF
8	20.00000	0.20000	4	0

FUNKTIÒNS-NR.   9-I
9,WAND, POLYSTYROL(PS)-HARTSCHAUM

INDEX	THETA IN GRAD C	LAMBDA IN W/(M*K)	KZT	KZF
9	20.00000	0.03000	4	0

FUNKTIONS-NR.   10-J
10,LUFTRAUM,1/GRLAM=F(S)

INDEX	S IN M	1/GRLAM IN M*M*K/W	KZT	KZF
10	0.00001	0.00010	30	1
11	0.00100	0.03330	30	1
12	0.00250	0.07600	30	1
13	0.00500	0.11000	30	1
14	0.00750	0.13500	30	1
15	0.01000	0.14000	30	1
16	0.01500	0.14000	30	1
17	0.01750	0.14000	30	1
18	0.01900	0.14000	30	1
19	0.01925	0.14050	30	1
20	0.01950	0.14100	30	1
21	0.01975	0.14350	30	1
22	0.01985	0.14900	30	1
23	0.02000	0.15500	30	1
24	0.02015	0.16100	30	1
25	0.02025	0.16650	30	1
26	0.02050	0.16900	30	1
27	0.02075	0.16950	30	1
28	0.02100	0.17000	30	1
29	0.02250	0.17000	30	1
30	0.02500	0.17000	30	1
31	0.03000	0.17000	30	1
32	0.05000	0.17000	30	1

FUNKTIONS-NR. 11-K
11,GLASSCHEIBENLUFTRAUM,1/GRLAM=F(S)

INDEX	S IN M	1/GRLAM IN M*M*K/W	KZT	KZF
33	0.01000	0.12500	30	1
34	0.01400	0.17500	30	1

FUNKTIONS-NR. 12-L
12,AUSSENLUFTTEMPERATUR

INDEX	DUMMY-GROESSE	THETAR IN GRAD C	KZT	KZF
35	0.00000	-15.00000	2	0

FUNKTIONS-NR. 13-M
13,INNENLUFTTEMPERATUR

INDEX	DUMMY-GROESSE	THETAR IN GRAD C	KZT	KZF
36	0.00000	20.00000	2	0

MASCHENKONFIGURATIONEN

KONFIGUR-NR	KENNZIFFER	FUNKTIONSNR	IMUV	DIMV	IMOV	JMUH	DJMH	JMOH	KMUT	DKMT	KMOT	NRES	NSUM
1	2	12	27	1	29	1	1	4	1	1	1	0	0
2	2	12	30	1	39	1	1	6	1	1	1	0	0
3	2	12	40	1	42	1	1	47	1	1	1	0	0
4	2	12	42	42	42	48	1	51	1	1	1	0	0
5	2	12	32	1	39	22	1	27	1	1	1	0	0
6	2	12	30	1	31	22	22	22	1	1	1	0	0
7	2	13	1	1	20	1	1	4	1	1	1	0	0
8	2	13	1	1	16	5	1	6	1	1	1	0	0
9	2	13	1	1	5	7	1	14	1	1	1	0	0
10	2	13	1	1	3	15	1	37	1	1	1	0	0
11	2	13	1	1	14	38	1	47	1	1	1	0	0
12	2	13	1	1	1	48	1	51	1	1	1	0	0
13	3	1	-27	-1	-29	-1	-1	-4	1	1	1	12	12
14	3	1	-30	-1	-39	-1	-1	-6	1	1	1	60	72
15	3	1	-40	-1	-42	-1	-1	-47	1	1	1	141	213
16	3	1	-42	-42	-42	-48	-1	-51	1	1	1	4	217

No.	(1)	(2)	(3)	(4)	(5)	(6)	(7)	(8)	(9)	(10)	(11)	(12)	(13)
17	265	48	1	1	1	-27	-1	-22	-39	-1	-32	1	3
18	267	2	1	1	1	-22	-22	-22	-31	-1	-30	1	3
19	347	80	1	1	1	-4	-1	-1	-20	-1	-1	2	3
20	379	32	1	1	1	-6	-1	-5	-16	-1	-1	2	3
21	419	40	1	1	1	-14	-1	-7	-5	-1	-1	2	3
22	488	69	1	1	1	-37	-1	-15	-3	-1	-1	2	3
23	628	140	1	1	1	-47	-1	-38	-14	-1	-1	2	3
24	632	4	1	1	1	-51	-1	-48	-1	-1	-1	2	3
25	646	14	1	1	1	8	1	7	12	1	6	3	4
26	658	12	1	1	1	9	1	7	16	1	13	3	4
27	716	58	1	1	1	37	1	9	7	1	6	3	4
28	762	46	1	1	1	37	1	15	5	1	4	3	4
29	774	12	1	1	1	17	1	14	10	13	8	3	4
30	789	15	1	1	1	17	1	13	13	1	11	3	4
31	791	2	1	1	1	11	1	10	13	1	13	3	4
32	794	3	1	1	1	11	11	11	16	1	14	3	4
33	798	4	1	1	1	13	1	12	16	29	15	3	4
34	810	12	1	1	1	17	1	14	16	1	14	3	4
35	849	39	1	1	1	17	1	15	29	34	17	3	4
36	870	21	1	1	1	26	26	26	28	33	8	3	4
37	881	11	1	1	1	28	1	18	29	1	29	3	4
38	899	18	1	1	1	16	1	11	32	39	30	3	4
39	929	30	1	1	1	9	1	7	39	39	30	3	4
40	931	2	1	1	1	11	1	10	34	1	34	3	4
41	932	1	1	1	1	11	11	11	33	35	33	3	4
42	942	10	1	1	1	21	21	21	39	1	30	3	4
43	953	11	1	1	1	20	1	10	39	1	39	3	4
44	973	20	1	1	1	47	1	28	39	1	39	3	4
45	980	7	1	1	1	28	28	28	38	1	39	3	4
46	982	2	1	1	1	30	1	29	35	10	32	3	4
47	984	2	1	1	1	30	30	30	34	1	35	3	4
48	990	6	1	1	1	37	1	35	9	1	33	3	4
49	1002	12	1	1	1	37	1	34	12	1	8	3	4
50	1004	2	1	1	1	32	32	32	11	24	10	3	4
51	1005	1	1	1	1	33	33	33	10	1	10	3	4
52	1017	12	1	1	1	32	1	27	13	30	10	3	4
53	1077	60	1	1	1	47	1	33	18	1	12	3	4
54	1092	15	1	1	1	37	1	35	23	1	15	3	4
55	1102	10	1	1	1	41	1	40	23	1	19	3	4
56	1109	7	1	1	1	41	1	35	24	1	19	3	4
57	1124	15	1	1	1	37	1	35	29	1	24	3	4
58	1131	7	1	1	1	41	1	35	30	9	25	3	4
59	1147	16	1	1	1	37	1	30	32	1	30	3	4
60	1159	12	1	1	1	37	41	36	38	17	31	3	4
61	1167	8	1	1	1	41	47	41	38	1	33	3	4
62	1187	20	1	1	1	47	1	47	38	1	31	3	4
63	1211	24	1	1	1	12	1	1	22	1	19	3	4
64	1235	24	1	1	1	12	5	1	26	1	21	4	4
65	1273	38	1	1	1	24	1	19	27	1	25	4	4
66	1277	4	1	1	1	23	1	20	9	1	9	5	4
67	1285	8	1	1	1	23	1	20	27	1	9	5	4
68	1291	6	1	1	1	45	2	43	37	1	26	5	4
69	1323	32	1	1	1	45	1	43	36	1	20	5	4
70	1347	24	1	1	1	10	1	5	20	1	21	5	4
71	1365	18	1	1	1	10	10	5	29	1	17	6	4
72	1368	3	1	1	1	10	10	10	16	1	27	6	4
73	1372	4	1	1	1	10	1	10	33	1	14	6	4
74	1386	14	1	1	1	29	29	23	31	1	30	6	4
75	1389	3	1	1	1	29	1	29	34	1	32	6	4
76	1399	10	1	1	1	37	1	33	14	1	13	6	4
77	1401	2	1	1	1	33	33	33	12	1	11	6	4
78	1407	6	1	1	1	12	1	10	24	1	23	7	4
79	1433	26	1	1	1	14	1	13	29	1	17	8	4
80	1593	160	1	1	1	51	1	48	41	1	2	9	4
81	1657	64	1	1	1	-23	-1	-20	-25	-1	-10	10	30
82	1673	16	1	1	1	-44	-44	-44	-36	-1	-21	10	30
83	1693	20	1	1	1	-41	-1	-38	-29	-1	-25	10	30
84	1703	10	1	1	1	-39	-1	-38	-23	-1	-19	10	30
85	1727	24	1	1	1	-40	-1	-38	-38	-1	-31	10	30

86	30	10	-17	-1	-20	-11	-1	-12	1	1	1	8	1735
87	30	10	-27	-1	-29	-11	-1	-12	1	1	1	6	1741
88	30	10	-36	-1	-38	-29	-1	-30	1	1	1	6	1747
89	30	10	-33	-1	-38	-31	-1	-35	1	1	1	30	1777
90	30	10	-8	-1	-11	-27	-1	-31	1	1	1	20	1797
91	30	10	-8	-1	-9	-32	-1	-34	1	1	1	6	1803
92	30	10	-35	-1	-38	-10	-1	-11	1	1	1	8	1811
93	30	10	-33	-1	-38	-12	-1	-16	1	1	1	30	1841
94	30	10	-30	-1	-38	-17	-1	-20	1	1	1	36	1877
95	30	10	-8	-1	-12	-9	-1	-11	1	1	1	15	1892
96	30	10	-8	-1	-14	-12	-12	-12	1	1	1	7	1899
97	30	10	-8	-1	-10	-13	-13	-13	1	1	1	3	1902
98	30	10	-14	-14	-14	-13	-13	-13	1	1	1	1	1903
99	30	10	-14	-1	-28	-27	-1	-28	1	1	1	30	1933
100	30	10	-14	-1	-29	-29	-29	-29	1	1	1	16	1949
101	30	10	-14	-1	-30	-30	-1	-32	1	1	1	51	2000
102	30	10	-19	-1	-30	-33	-1	-34	1	1	1	24	2024
103	30	10	-8	-1	-28	-18	-7	-25	1	1	1	42	2066
104	30	10	-8	-20	-28	-19	-1	-24	1	1	1	12	2078
105	30	10	-19	-1	-38	-42	-4	-46	1	1	1	40	2118
106	30	10	-19	-19	-38	-43	-1	-45	1	1	1	6	2124
107	30	11	-23	-1	-24	1	1	9	1	1	1	18	2142

```
MASCHENANZAHL X-RICHTUNG,NMV=        42
MASCHENANZAHL Y-RICHTUNG,NMH=        51
MASCHENANZAHL Z-RICHTUNG,NMT=         1
MASCHENANZAHL INSGES  ,NMGES=      2142
ANZAHL DER TEMP.RANDBED,NKNU=       632
ANZAHL DER STROMEINSP. ,NKNI=         0
MAX. ANZ. GL.AUFLOES.,NMAXIT=         1
MAX. ANZ. ITER.BLOECKE,NRFVT=         1
ABBRUCHFEHLER IN GRAD C ,EPS=      0.10
ANZAHL DER UNBEK. TEMPER.,NT=      1510
ANZAHL DER UNBEK. STROEME,NI=      4191
MITTLERE RANDTEMPERATUR TKNM=      5.21
ANZAHL DER GLN INSGES    ,NEQ=     2142
HALBE BANDBR. PLUS DIG,NBAND=        43
KERNSP.ANZAHL PRO BLOCK ,NSB=      6000
ANZAHL DER BLOECKE    ,NBLOK=        12
GROESSTE SPALTENANZAHL ,MAXC=       383
```

FORTRAN-PROGRAMM ZUR BERECHNUNG DREIDIM. STATION. TEMPERATUR- UND WAERME-
STROMVERTEILUNGEN - VAX 11/780 - BAM 2.44 - 15.06.83 - PROBLEM-NR. 150683
KUNSTST.FENSTER M.METALLK.,TAUWASSERTEMP.BER.,RANDTEMP.=-15/20 0 C

BLOCK-NR	ITER.-NR	DTKNMAX IN K	EXTRAP
1	1	0.0000	F

FORTRAN-PROGRAMM ZUR BERECHNUNG DREIDIM. STATION. TEMPERATUR- UND WAERME-
STROMVERTEILUNGEN - VAX 11/780 - BAM 2.44 - 15.06.83 - PROBLEM-NR. 150683
KUNSTST.FENSTER M.METALLK.,TAUWASERTEMP.BER.,RANDTEMP.=-15/20 0 C

GEOMETR. ZUORDNUNG DER BAUSTOFFE UND TEMPERATUREN IN GRAD C, PARAMETER IST Z= 1

	Y 1	Y 2	Y 3	Y 4	Y 5	Y 6	Y 7	Y 8	Y 9	Y 10	Y 11	Y 12	Y 13	Y 14	Y 15
X 1	B+20.0	B+20.0	B+20.0	B+20.0	B+20.0	B+20.0	B+20.0	B+20.0	B+20.0	B+20.0	B+20.0	B+20.0	B+20.0	B+20.0	B+20.0
X 2	B+20.0	B+20.0	B+20.0	B+20.0	B+20.0	B+20.0	B+20.0	B+20.0	B+20.0	B+20.0	B+20.0	B+20.0	B+20.0	B+20.0	B+20.0
X 3	B+20.0	B+20.0	B+20.0	B+20.0	B+20.0	B+20.0	B+20.0	B+20.0	B+20.0	B+20.0	B+20.0	B+20.0	B+20.0	B+20.0	B+20.0
X 4	B+20.0	B+20.0	B+20.0	B+20.0	B+20.0	B+20.0	B+20.0	B+20.0	B+20.0	B+20.0	B+20.0	B+20.0	B+20.0	B+20.0	C+7.53
X 5	B+20.0	B+20.0	B+20.0	B+20.0	B+20.0	B+20.0	B+20.0	B+20.0	B+20.0	B+20.0	B+20.0	B+20.0	B+20.0	B+20.0	C+7.16
X 6	B+20.0	B+20.0	B+20.0	B+20.0	B+20.0	B+20.0	C+13.0	C+12.8	C+12.5	C+11.6	C+10.4	C+9.50	C+8.46	C+7.14	C+6.70
X 7	B+20.0	B+20.0	B+20.0	B+20.0	B+20.0	B+20.0	C+12.8	C+12.5	C+12.2	C+11.3	C+10.1	C+9.13	C+8.06	C+6.68	C+6.19
X 8	B+20.0	B+20.0	B+20.0	B+20.0	B+20.0	B+20.0	C+12.3	C+12.1	J+11.7	J+10.8	J+9.46	J+8.44	J+7.30	C+5.91	C+5.42
X 9	B+20.0	B+20.0	B+20.0	B+20.0	B+20.0	B+20.0	C+11.8	C+11.5	J+11.1	J+9.95	J+8.60	J+7.59	J+6.32	C+5.19	C+4.74
X 10	B+20.0	B+20.0	B+20.0	B+20.0	B+20.0	B+20.0	C+10.7	C+10.4	J+9.87	J+8.41	J+7.01	J+6.02	J+4.73	C+3.90	C+3.53

FORTRAN-PROGRAMM ZUR BERECHNUNG DREIDIM. STATION. TEMPERATUR- UND WAERME-
STROMVERTEILUNGEN - VAX 11/780 - BAM 2.44 - 15.06.83 - PROBLEM-NR. 150683
KUNSTST.FENSTER M.METALLK.,TAUWAŠERTEMP.BER.,RANDTEMP.=-15/20 0 C

GEOMETR. ZUORDNUNG DER BAUSTOFFE UND TEMPERATUREN IN GRAD C, PARAMETER IST Z= 1

	Y 1	Y 2	Y 3	Y 4	Y 5	Y 6	Y 7	Y 8	Y 9	Y 10	Y 11	Y 12	Y 13	Y 14	Y 15
X 11	B+20.0	B+20.0	B+20.0	B+20.0	B+20.0	B+20.0	C+9.22	C+8.84	J+8.21	J+6.45	J+5.23	J+4.38	C+3.21	C+2.72	C+2.44
X 12	B+20.0	B+20.0	B+20.0	B+20.0	B+20.0	B+20.0	C+7.90	C+7.48	J+6.69	J+4.83	J+3.94	J+3.38	C+2.59	C+2.03	C+1.78
X 13	B+20.0	B+20.0	B+20.0	B+20.0	B+20.0	B+20.0	C+6.75	C+6.28	C+5.40	C+3.69	C+3.14	J+2.66	C+2.13	C+1.49	C+1.28
X 14	B+20.0	B+20.0	B+20.0	B+20.0	B+20.0	B+20.0	C+5.77	C+5.27	C+4.48	F+3.01	C+2.61	J+2.02	J+1.33	C+0.93	C+0.79
X 15	B+20.0	B+20.0	B+20.0	B+20.0	B+20.0	B+20.0	C+5.22	C+4.71	C+3.97	F+2.65	C+2.32	C+1.67	C+0.66	C+0.66	C+0.56
X 16	B+20.0	B+20.0	B+20.0	B+20.0	B+20.0	B+20.0	C+4.50	C+3.97	C+3.30	F+2.16	C+1.94	C+1.38	C+0.46	C+0.32	C+0.25
X 17	B+20.0	B+20.0	B+20.0	B+20.0	F+5.77	F+4.11	F+3.35	F+3.08	F+2.55	F+1.59	J+1.66	J+1.12	H+0.10	H+0.00	C-0.02
X 18	B+20.0	B+20.0	B+20.0	B+20.0	F+5.46	F+3.76	F+2.81	F+2.59	F+2.14	F+1.18	J+1.06	J+0.59	H-0.10	H-0.17	C-0.19
X 19	B+20.0	B+20.0	B+20.0	B+20.0	F+4.68	F+2.91	F+1.82	F+1.57	F+1.14	F+0.14	J-0.18	J-0.50	H-0.59	H-0.57	C-0.57
X 20	B+20.0	B+20.0	B+20.0	B+20.0	F+3.60	F+1.95	F+0.80	F+0.55	F+0.09	F-1.06	J-1.56	J-1.70	H-1.11	H-0.97	C-0.94

FORTRAN-PROGRAMM ZUR BERECHNUNG DREIDIM. STATION. TEMPERATUR- UND WAERME-
STROMVERTEILUNGEN - VAX 11/780 - BAM 2.44 - 15.06.83 - PROBLEM-NR. 150683
KUNSTST.FENSTER M.METALLK.,TAUWAŠERTEMP.BER.,RANDTEMP.=-15/20 0 C

GEOMETR. ZUORDNUNG DER BAUSTOFFE UND TEMPERATUREN IN GRAD C, PARAMETER IST Z= 1

	Y 1	Y 2	Y 3	Y 4	Y 5	Y 6	Y 7	Y 8	Y 9	Y 10	Y 11	Y 12	Y 13	Y 14	Y 15
X 21	D+4.06	D+4.01	D+3.60	D+2.74	D+2.35	D+1.52	D+0.37	D+0.11	D-0.37	D-1.63	D-2.26	D-2.33	H-1.35	H-1.15	C-1.09
X 22	D+3.83	D+3.77	D+3.36	D+2.49	D+1.80	D+1.23	D+0.09	D-0.17	D-0.66	D-2.01	D-2.38	D-2.43	H-1.91	H-1.57	C-1.48
X 23	K-1.50	K-1.53	K-1.71	K-1.87	K-1.91	K-1.96	K-2.14	K-2.19	K-2.27	G-2.73	G-2.73	G-2.73	H-2.54	H-2.27	C-2.17
X 24	K-8.52	K-8.53	K-8.39	K-7.63	K-6.82	K-6.16	K-5.09	K-4.85	K-4.39	G-2.74	G-2.74	G-2.74	H-2.82	H-2.76	C-2.68
X 25	D-10.6	D-10.6	D-10.4	D-9.36	D-8.29	D-7.43	D-5.98	D-5.65	D-5.03	D-3.37	D-3.02	D-2.95	H-3.24	H-3.28	C-3.21
X 26	D-10.9	D-10.9	D-10.6	D-9.64	D-8.63	D-7.68	D-6.23	D-5.90	D-5.31	D-3.83	D-3.22	D-3.12	H-3.79	H-3.85	C-3.79
X 27	A-15.0	A-15.0	A-15.0	A-15.0	F-9.47	F-7.89	F-6.44	F-6.11	F-5.53	F-4.11	J-3.48	J-3.36	H-4.07	H-4.10	C-4.04
X 28	A-15.0	A-15.0	A-15.0	A-15.0	F-10.3	F-8.32	F-6.86	F-6.53	F-5.98	F-4.65	J-4.14	J-3.96	H-4.36	H-4.36	C-4.30
X 29	A-15.0	A-15.0	A-15.0	A-15.0	F-11.3	F-9.56	F-8.14	F-7.82	F-7.30	F-6.17	J-5.91	J-5.57	H-5.27	H-5.22	C-5.20
X 30	A-15.0	A-15.0	A-15.0	A-15.0	A-15.0	A-15.0	C-10.0	C-9.36	C-8.61	F-7.44	C-7.39	C-7.06	C-6.34	C-6.23	C-6.25

FORTRAN-PROGRAMM ZUR BERECHNUNG DREIDIM. STATION. TEMPERATUR- UND WAERME-
STROMVERTEILUNGEN - VAX 11/780 - BAM 2.44 - 15.06.83 - PROBLEM-NR. 150683
KUNSTST.FENSTER M.METALLK.,TAUWASSERTEMP.BER.,RANDTEMP.=-15/20 0 C

GEOMETR. ZUORDNUNG DER BAUSTOFFE UND TEMPERATUREN IN GRAD C, PARAMETER IST Z= 1

	Y 1	Y 2	Y 3	Y 4	Y 5	Y 6	Y 7	Y 8	Y 9	Y 10	Y 11	Y 12	Y 13	Y 14	Y 15
X 31	A-15.0	A-15.0	A-15.0	A-15.0	A-15.0	A-15.0	C-10.5	C-9.87	C-9.11	F-7.86	C-7.67	C-7.32	C-6.75	C-6.65	C-6.67
X 32	A-15.0	A-15.0	A-15.0	A-15.0	A-15.0	A-15.0	C-11.0	C-10.5	C-9.71	F-8.37	C-8.04	C-7.65	C-7.24	C-7.16	C-7.19
X 33	A-15.0	A-15.0	A-15.0	A-15.0	A-15.0	A-15.0	C-11.4	C-10.9	C-10.2	F-8.74	C-8.42	J-8.01	J-7.69	J-7.64	J-7.68
X 34	A-15.0	A-15.0	A-15.0	A-15.0	A-15.0	A-15.0	C-11.9	C-11.4	C-10.8	C-9.27	C-8.87	J-8.73	J-8.56	J-8.57	J-8.63
X 35	A-15.0	A-15.0	A-15.0	A-15.0	A-15.0	A-15.0	C-12.5	C-12.2	C-11.7	J-10.5	J-10.1	J-9.99	J-9.92	J-9.97	J-10.0
X 36	A-15.0	A-15.0	A-15.0	A-15.0	A-15.0	A-15.0	C-13.1	C-12.9	C-12.5	J-11.8	J-11.4	J-11.2	J-11.1	J-11.2	J-11.2
X 37	A-15.0	A-15.0	A-15.0	A-15.0	A-15.0	A-15.0	C-13.6	C-13.4	C-13.1	J-12.6	J-12.3	J-12.1	J-12.0	J-12.1	J-12.1
X 38	A-15.0	A-15.0	A-15.0	A-15.0	A-15.0	A-15.0	C-13.9	C-13.7	C-13.5	J-13.2	J-13.0	J-12.8	J-12.8	J-12.8	J-12.8
X 39	A-15.0	A-15.0	A-15.0	A-15.0	A-15.0	A-15.0	C-14.2	C-14.1	C-14.0	C-13.8	C-13.7	C-13.5	C-13.5	C-13.5	C-13.5
X 40	A-15.0	A-15.0	A-15.0	A-15.0	A-15.0	A-15.0	A-15.0	A-15.0	A-15.0	A-15.0	A-15.0	A-15.0	A-15.0	A-15.0	A-15.0

```
FORTRAN-PROGRAMM ZUR BERECHNUNG DREIDIM. STATION. TEMPERATUR- UND WAERME-
STROMVERTEILUNGEN - VAX 11/780 - BAM 2.44 - 15.06.83 - PROBLEM-NR. 150683
KUNSTST.FENSTER M.METALLK.,TAUWASERTEMP.BER.,RANDTEMP.=-15/20 0 C

GEOMETR. ZUORDNUNG DER BAUSTOFFE UND TEMPERATUREN IN GRAD C, PARAMETER IST Z= 1

        Y 1   Y 2   Y 3   Y 4   Y 5   Y 6   Y 7   Y 8   Y 9   Y 10   Y 11   Y 12   Y 13   Y 14   Y 15

      *------*------*------*------*------*------*------*------*------*------*------*------*------*------*------*
      |      |      |      |      |      |      |      |      |      |      |      |      |      |      |      |
X 41  |A-15.0|A-15.0|A-15.0|A-15.0|A-15.0|A-15.0|A-15.0|A-15.0|A-15.0|A-15.0|A-15.0|A-15.0|A-15.0|A-15.0|A-15.0|
      |      |      |      |      |      |      |      |      |      |      |      |      |      |      |      |
      *------*------*------*------*------*------*------*------*------*------*------*------*------*------*------*
      |      |      |      |      |      |      |      |      |      |      |      |      |      |      |      |
X 42  |A-15.0|A-15.0|A-15.0|A-15.0|A-15.0|A-15.0|A-15.0|A-15.0|A-15.0|A-15.0|A-15.0|A-15.0|A-15.0|A-15.0|A-15.0|
      |      |      |      |      |      |      |      |      |      |      |      |      |      |      |      |
      *------*------*------*------*------*------*------*------*------*------*------*------*------*------*------*
```

FORTRAN-PROGRAMM ZUR BERECHNUNG DREIDIM. STATION. TEMPERATUR- UND WAERME-
STROMVERTEILUNGEN - VAX 11/780 - BAM 2.44 - 15.06.83 - PROBLEM-NR. 150683
KUNSTST.FENSTER M.METALLK.,TAUWASSERTEMP.BER.,RANDTEMP.=-15/20 0 C

GEOMETR. ZUORDNUNG DER BAUSTOFFE UND TEMPERATUREN IN GRAD C, PARAMETER IST $Z=$ 1

	Y 16	Y 17	Y 18	Y 19	Y 20	Y 21	Y 22	Y 23	Y 24	Y 25	Y 26	Y 27	Y 28	Y 29	Y 30
X 1	B+20.0	B+20.0	B+20.0	B+20.0	B+20.0	B+20.0	B+20.0	B+20.0	B+20.0	B+20.0	B+20.0	B+20.0	B+20.0	B+20.0	B+20.0
X 2	B+20.0	B+20.0	B+20.0	B+20.0	B+20.0	B+20.0	B+20.0	B+20.0	B+20.0	B+20.0	B+20.0	B+20.0	B+20.0	B+20.0	B+20.0
X 3	B+20.0	B+20.0	B+20.0	B+20.0	B+20.0	B+20.0	B+20.0	B+20.0	B+20.0	B+20.0	B+20.0	B+20.0	B+20.0	B+20.0	B+20.0
X 4	C+6.79	C+6.16	C+5.92	C+5.62	C+5.13	C+4.89	C+4.73	C+4.96	C+5.73	C+6.03	C+6.72	C+7.43	C+8.11	C+9.59	C+10.6
X 5	C+6.40	C+5.75	C+5.50	C+5.19	C+4.69	C+4.45	C+4.28	C+4.52	C+5.31	C+5.61	C+6.32	C+7.06	C+7.76	C+9.28	C+10.3
X 6	C+5.97	C+5.25	C+4.98	C+4.72	C+4.22	C+3.99	C+3.83	C+4.06	C+4.83	C+5.08	C+5.89	C+6.69	C+7.44	C+9.00	C+10.0
X 7	C+5.45	C+4.64	C+4.33	C+4.14	C+3.66	C+3.44	C+3.29	C+3.50	C+4.25	C+4.43	C+5.37	C+6.25	C+7.06	C+8.67	C+9.72
X 8	C+4.68	C+3.49	J+2.92	J+2.08	J+1.44	J+1.30	J+1.25	J+1.34	J+2.15	J+2.94	C+4.53	J+5.41	J+6.32	J+7.97	J+9.03
X 9	C+4.07	C+3.19	J+1.91	E-0.40	E-0.36	E-0.33	E-0.28	E-0.33	E-0.40	J+1.92	C+3.88	J+4.60	J+5.38	J+7.00	J+8.04
X 10	C+2.98	C+2.22	J+0.97	E-0.44	J-0.41	J-0.38	J-0.34	J-0.39	E-0.44	J+0.94	C+2.68	J+3.16	J+3.86	J+5.33	J+6.37

FORTRAN-PROGRAMM ZUR BERECHNUNG DREIDIM. STATION. TEMPERATUR- UND WAERME-
STROMVERTEILUNGEN - VAX 11/780 - BAM 2.44 - 15.06.83 - PROBLEM-NR. 150683
KUNSTST.FENSTER M.METALLK.,TAUWAŠERTEMP.BER.,RANDTEMP.=-15/20 0 C

GEOMETR. ZUORDNUNG DER BAUSTOFFE UND TEMPERATUREN IN GRAD C, PARAMETER IST Z= 1

	Y 16	Y 17	Y 18	Y 19	Y 20	Y 21	Y 22	Y 23	Y 24	Y 25	Y 26	Y 27	Y 28	Y 29	Y 30
X 11	C+2.01	C+1.42	J+0.46	E-0.51	J-0.49	J-0.47	J-0.43	J-0.47	E-0.50	J+0.43	C+1.74	J+2.06	J+2.53	J+3.65	J+4.68
X 12	C+1.41	C+0.94	J+0.19	E-0.55	J-0.54	J-0.53	J-0.50	J-0.53	E-0.55	J+0.18	C+1.26	C+1.57	C+1.87	C+2.76	C+3.70
X 13	C+0.97	C+0.59	J-0.01	E-0.59	J-0.59	J-0.57	J-0.55	J-0.57	E-0.59	J+0.03	C+0.95	C+1.26	C+1.55	C+2.36	C+3.24
X 14	C+0.58	C+0.29	J-0.18	E-0.63	J-0.63	J-0.62	J-0.60	J-0.61	E-0.62	J-0.10	C+0.71	J+0.97	J+1.27	J+2.03	J+2.85
X 15	C+0.39	C+0.14	J-0.26	E-0.65	J-0.65	J-0.64	J-0.62	J-0.64	E-0.64	J-0.16	C+0.59	J+0.84	J+1.14	J+1.88	J+2.66
X 16	C+0.14	C-0.05	J-0.37	E-0.68	J-0.67	J-0.67	J-0.66	J-0.67	E-0.67	J-0.23	C+0.44	J+0.68	J+0.96	J+1.67	J+2.42
X 17	C-0.08	C-0.23	J-0.47	E-0.71	J-0.70	J-0.70	J-0.69	J-0.69	E-0.70	J-0.30	C+0.31	J+0.53	J+0.79	J+1.46	J+2.17
X 18	C-0.24	C-0.35	J-0.53	E-0.72	J-0.72	J-0.72	J-0.71	J-0.72	E-0.72	J-0.35	C+0.21	J+0.42	J+0.67	J+1.31	J+1.99
X 19	C-0.57	C-0.61	J-0.68	E-0.77	J-0.77	J-0.77	J-0.76	J-0.76	E-0.76	J-0.46	C+0.00	J+0.19	J+0.40	J+0.96	J+1.57
X 20	C-0.87	C-0.85	J-0.82	E-0.81	J-0.81	J-0.82	J-0.82	J-0.81	E-0.81	J-0.58	C-0.21	J-0.05	J+0.11	J+0.59	J+1.13

FORTRAN-PROGRAMM ZUR BERECHNUNG DREIDIM. STATION. TEMPERATUR- UND WAERME-
STROMVERTEILUNGEN - VAX 11/780 - BAM 2.44 - 15.06.83 - PROBLEM-NR. 150683
KUNSTST.FENSTER M.METALLK.,TAUWASERTEMP.BER.,RANDTEMP.=-15/20 0 C

GEOMETR. ZUORDNUNG DER BAUSTOFFE UND TEMPERATUREN IN GRAD C, PARAMETER IST Z= 1

	Y 16	Y 17	Y 18	Y 19	Y 20	Y 21	Y 22	Y 23	Y 24	Y 25	Y 26	Y 27	Y 28	Y 29	Y 30
X 21	C-1.00	C-0.95	J-0.88	E-0.84	J-0.84	J-0.84	J-0.84	J-0.83	E-0.83	J-0.63	C-0.31	J-0.17	J-0.02	J+0.41	J+0.92
X 22	C-1.31	C-1.20	J-1.03	E-0.89	J-0.89	J-0.89	J-0.90	J-0.89	E-0.88	J-0.76	C-0.56	J-0.46	J-0.35	J-0.02	J+0.40
X 23	C-1.96	C-1.73	J-1.38	E-1.05	J-1.06	J-1.07	J-1.10	J-1.07	E-1.05	J-1.20	C-1.41	J-1.46	J-1.50	J-1.49	J-1.29
X 24	C-2.52	C-2.22	J-1.72	E-1.19	J-1.22	J-1.25	J-1.30	J-1.25	E-1.20	J-1.82	C-2.65	J-2.85	J-3.06	J-3.25	J-3.10
X 25	C-3.06	C-2.70	J-2.07	E-1.26	J-1.31	J-1.35	J-1.42	J-1.36	E-1.28	J-2.37	C-3.61	J-3.85	J-4.10	J-4.30	J-4.11
X 26	C-3.65	C-3.26	J-2.62	E-1.31	E-1.36	E-1.41	E-1.48	E-1.41	E-1.33	J-3.18	C-4.53	J-4.74	J-4.94	J-5.05	J-4.78
X 27	C-3.91	C-3.49	J-2.96	E-1.31	E-1.36	E-1.41	E-1.48	E-1.41	E-1.33	J-3.66	C-4.92	J-5.11	J-5.28	J-5.34	J-5.04
X 28	C-4.18	C-3.68	J-3.41	J-3.09	J-3.01	J-3.31	J-3.67	J-3.60	J-3.85	J-4.30	C-5.35	J-5.49	J-5.63	J-5.63	J-5.29
X 29	C-5.17	C-5.13	C-5.13	C-5.27	C-5.68	C-6.61	C-7.41	C-7.28	C-7.02	C-6.91	C-6.96	C-6.92	C-6.88	J-6.54	J-6.06
X 30	C-6.28	J-6.32	J-6.38	J-6.57	J-7.20	C-8.99	A-15.0	F-9.32	F-8.96	F-8.88	F-8.77	F-8.57	F-8.37	F-7.60	J-6.92

```
FORTRAN-PROGRAMM ZUR BERECHNUNG DREIDIM. STATION. TEMPERATUR- UND WAERME-
STROMVERTEILUNGEN - VAX 11/780 - BAM 2.44 - 15.06.83 - PROBLEM-NR. 150683
KUNSTST.FENSTER M.METALLK.,TAUWASSERTEMP.BER.,RANDTEMP.=-15/20 0 C

GEOMETR. ZUORDNUNG DER BAUSTOFFE UND TEMPERATUREN IN GRAD C, PARAMETER IST Z= 1
```

	Y 16	Y 17	Y 18	Y 19	Y 20	Y 21	Y 22	Y 23	Y 24	Y 25	Y 26	Y 27	Y 28	Y 29	Y 30
X 31	C-6.71	J-6.83	J-6.94	J-7.17	J-7.86	C-9.65	A-15.0	F-9.88	F-9.54	F-9.47	F-9.36	F-9.13	F-8.85	F-7.98	C-7.24
X 32	C-7.24	J-7.46	J-7.64	J-7.92	J-8.68	C-10.4	A-15.0	A-15.0	A-15.0	A-15.0	A-15.0	C-9.65	F-8.46	C-7.74	
X 33	J-7.75	J-8.18	J-8.34	J-8.62	J-9.34	C-10.9	A-15.0	A-15.0	A-15.0	A-15.0	A-15.0	C-10.2	F-8.88	C-8.22	
X 34	J-8.73	J-9.02	J-9.14	J-9.39	J-10.1	C-11.4	A-15.0	A-15.0	A-15.0	A-15.0	A-15.0	C-10.8	F-9.34	C-8.75	
X 35	J-10.1	J-10.3	J-10.4	J-10.6	J-11.1	C-12.2	A-15.0	A-15.0	A-15.0	A-15.0	A-15.0	C-11.6	C-10.1	C-9.55	
X 36	J-11.3	J-11.4	J-11.5	J-11.6	J-12.0	C-12.8	A-15.0	A-15.0	A-15.0	A-15.0	A-15.0	C-12.4	J-11.2	J-10.7	
X 37	J-12.1	J-12.2	J-12.3	J-12.4	J-12.6	C-13.2	A-15.0	A-15.0	A-15.0	A-15.0	A-15.0	C-13.0	J-12.3	J-11.8	
X 38	J-12.8	J-12.8	J-12.9	J-12.9	J-13.1	C-13.6	A-15.0	A-15.0	A-15.0	A-15.0	A-15.0	C-13.5	J-13.1	J-12.7	
X 39	C-13.5	C-13.5	C-13.5	C-13.6	C-13.7	C-14.0	A-15.0	A-15.0	A-15.0	A-15.0	A-15.0	C-14.0	C-13.7	C-13.4	
X 40	A-15.0	A-15.0	A-15.0	A-15.0	A-15.0	A-15.0	A-15.0	A-15.0	A-15.0	A-15.0	A-15.0	A-15.0	A-15.0	A-15.0	

```
FORTRAN-PROGRAMM ZUR BERECHNUNG DREIDIM. STATION. TEMPERATUR- UND WAERME-
STROMVERTEILUNGEN - VAX 11/780 - BAM 2.44 - 15.06.83 - PROBLEM-NR. 150683
KUNSTST.FENSTER M.METALLK.,TAUWASSERTEMP.BER.,RANDTEMP.=-15/20 0 C

GEOMETR. ZUORDNUNG DER BAUSTOFFE UND TEMPERATUREN IN GRAD C, PARAMETER IST Z= 1
```

	Y 16	Y 17	Y 18	Y 19	Y 20	Y 21	Y 22	Y 23	Y 24	Y 25	Y 26	Y 27	Y 28	Y 29	Y 30
X 41	A-15.0	A-15.0	A-15.0	A-15.0	A-15.0	A-15.0	A-15.0	A-15.0	A-15.0	A-15.0	A-15.0	A-15.0	A-15.0	A-15.0	A-15.0
X 42	A-15.0	A-15.0	A-15.0	A-15.0	A-15.0	A-15.0	A-15.0	A-15.0	A-15.0	A-15.0	A-15.0	A-15.0	A-15.0	A-15.0	A-15.0

```
FORTRAN-PROGRAMM ZUR BERECHNUNG DREIDIM. STATION. TEMPERATUR- UND WAERME-
STROMVERTEILUNGEN - VAX 11/780 - BAM 2.44 - 15.06.83 - PROBLEM-NR. 150683
KUNSTST.FENSTER M.METALLK.,TAUWASERTEMP.BER.,RANDTEMP.=-15/20 0 C

GEOMETR. ZUORDNUNG DER BAUSTOFFE UND TEMPERATUREN IN GRAD C, PARAMETER IST Z= 1
```

	Y 31	Y 32	Y 33	Y 34	Y 35	Y 36	Y 37	Y 38	Y 39	Y 40	Y 41	Y 42	Y 43	Y 44	Y 45
X 1	B+20.0	B+20.0	B+20.0	B+20.0	B+20.0	B+20.0	B+20.0	B+20.0	B+20.0	B+20.0	B+20.0	B+20.0	B+20.0	B+20.0	B+20.0
X 2	B+20.0	B+20.0	B+20.0	B+20.0	B+20.0	B+20.0	B+20.0	B+20.0	B+20.0	B+20.0	B+20.0	B+20.0	B+20.0	B+20.0	B+20.0
X 3	B+20.0	B+20.0	B+20.0	B+20.0	B+20.0	B+20.0	B+20.0	B+20.0	B+20.0	B+20.0	B+20.0	B+20.0	B+20.0	B+20.0	B+20.0
X 4	C+11.1	C+11.8	C+12.5	C+12.9	C+13.1	C+13.4	C+13.6	B+20.0	B+20.0	B+20.0	B+20.0	B+20.0	B+20.0	B+20.0	B+20.0
X 5	C+10.9	C+11.6	C+12.3	C+12.7	C+12.9	C+13.2	C+13.4	B+20.0	B+20.0	B+20.0	B+20.0	B+20.0	B+20.0	B+20.0	B+20.0
X 6	C+10.6	C+11.3	C+12.1	C+12.5	C+12.6	C+12.9	C+13.2	B+20.0	B+20.0	B+20.0	B+20.0	B+20.0	B+20.0	B+20.0	B+20.0
X 7	C+10.3	C+11.1	C+11.8	C+12.2	C+12.3	C+12.7	C+12.9	B+20.0	B+20.0	B+20.0	B+20.0	B+20.0	B+20.0	B+20.0	B+20.0
X 8	J+9.61	J+10.3	J+11.1	J+11.6	C+11.7	C+12.1	C+12.3	B+20.0	B+20.0	B+20.0	B+20.0	B+20.0	B+20.0	B+20.0	B+20.0
X 9	J+8.55	J+8.82	J+9.63	J+10.6	C+11.1	C+11.6	C+11.8	B+20.0	B+20.0	B+20.0	B+20.0	B+20.0	B+20.0	B+20.0	B+20.0
X 10	J+6.94	C+7.34	C+8.20	C+9.30	C+9.86	C+10.5	C+10.8	B+20.0	B+20.0	B+20.0	B+20.0	B+20.0	B+20.0	B+20.0	B+20.0

FORTRAN-PROGRAMM ZUR BERECHNUNG DREIDIM. STATION. TEMPERATUR- UND WAERME-
STROMVERTEILUNGEN - VAX 11/780 - BAM 2.44 - 15.06.83 - PROBLEM-NR. 150683
KUNSTST.FENSTER M.METALLK.,TAUWASERTEMP.BER.,RANDTEMP.=-15/20 0 C

GEOMETR. ZUORDNUNG DER BAUSTOFFE UND TEMPERATUREN IN GRAD C, PARAMETER IST Z= 1

	Y 31	Y 32	Y 33	Y 34	Y 35	Y 36	Y 37	Y 38	Y 39	Y 40	Y 41	Y 42	Y 43	Y 44	Y 45
X 11	J+5.40	C+6.26	F+7.22	C+8.14	C+8.66	C+9.29	C+9.61	B+20.0	B+20.0	B+20.0	B+20.0	B+20.0	B+20.0	B+20.0	B+20.0
X 12	C+4.39	C+5.42	F+6.53	C+7.32	C+7.78	C+8.37	C+8.72	B+20.0	B+20.0	B+20.0	B+20.0	B+20.0	B+20.0	B+20.0	B+20.0
X 13	C+3.88	C+4.78	F+5.98	F+6.71	F+7.09	F+7.60	F+7.89	B+20.0	B+20.0	B+20.0	B+20.0	B+20.0	B+20.0	B+20.0	B+20.0
X 14	J+3.44	J+4.27	F+5.47	F+6.18	F+6.51	F+6.96	F+7.24	B+20.0	B+20.0	B+20.0	B+20.0	B+20.0	B+20.0	B+20.0	B+20.0
X 15	J+3.23	J+4.02	C+5.20	C+5.87	C+6.17	C+6.55	C+6.65	C+6.52	C+6.59	C+5.27	C+5.01	C+4.90	C+4.89	C+4.97	C+4.24
X 16	J+2.96	J+3.68	C+4.72	C+5.33	C+5.60	C+5.85	C+5.90	C+5.96	C+6.05	C+4.66	C+4.39	C+4.27	C+4.26	C+4.35	C+3.59
X 17	J+2.67	J+3.34	C+4.26	C+4.82	C+5.06	C+5.29	C+5.35	C+5.44	C+5.54	C+3.98	C+3.65	C+3.49	C+3.62	C+3.74	C+2.95
X 18	J+2.47	J+3.10	C+3.93	C+4.45	C+4.68	C+4.89	C+4.97	C+5.07	C+5.18	C+3.50	C+3.13	C+2.91	C+3.17	C+3.30	C+2.50
X 19	J+1.99	J+2.53	J+3.24	J+3.69	C+3.88	C+4.03	C+4.09	J+4.20	J+4.30	C+2.33	C+1.84	J+1.23	J+0.89	J+0.13	J+0.31
X 20	J+1.50	J+1.97	J+2.59	J+2.97	C+3.11	C+3.23	C+3.26	J+3.34	J+3.39	C+1.36	C+0.89	J-0.43	E-2.82	E-2.66	E-2.83

FORTRAN-PROGRAMM ZUR BERECHNUNG DREIDIM. STATION. TEMPERATUR- UND WAERME-
STROMVERTEILUNGEN - VAX 11/780 - BAM 2.44 - 15.06.83 - PROBLEM-NR. 150683
KUNSTST.FENSTER M.METALLK.,TAUWAŠERTEMP.BER.,RANDTEMP.=-15/20 0 C

GEOMETR. ZUORDNUNG DER BAUSTOFFE UND TEMPERATUREN IN GRAD C, PARAMETER IST Z= 1

	Y 31	Y 32	Y 33	Y 34	Y 35	Y 36	Y 37	Y 38	Y 39	Y 40	Y 41	Y 42	Y 43	Y 44	Y 45
X 21	J+1.27	J+1.71	J+2.30	J+2.65	C+2.77	C+2.88	C+2.91	J+2.98	J+3.00	C+0.99	C+0.52	J-0.78	E-2.83	J-2.66	E-2.84
X 22	J+0.70	J+1.07	J+1.58	J+1.85	C+1.94	C+2.01	C+2.03	J+2.07	J+2.04	C+0.07	C-0.38	J-1.62	E-2.86	J-2.73	E-2.87
X 23	J-1.13	J-0.91	J-0.60	J-0.45	C-0.40	C-0.36	C-0.35	J-0.34	J-0.40	C-1.64	C-1.89	J-2.49	E-2.98	J-2.92	E-2.99
X 24	J-2.96	J-2.76	J-2.48	J-2.31	C-2.24	C-2.15	C-2.11	C-2.05	C-1.86	C-2.39	C-2.54	J-2.88	E-3.11	J-3.09	E-3.11
X 25	J-3.95	J-3.73	J-3.45	J-3.29	C-3.22	C-3.13	C-3.09	J-3.01	J-2.72	J-2.93	J-3.02	J-3.13	E-3.18	J-3.18	E-3.17
X 26	J-4.58	J-4.34	J-4.06	J-3.91	C-3.85	C-3.79	C-3.75	J-3.70	J-3.42	J-3.28	J-3.25	J-3.23	E-3.23	J-3.23	E-3.21
X 27	J-4.82	J-4.57	J-4.28	J-4.15	C-4.09	C-4.03	C-4.00	J-3.96	J-3.67	J-3.40	J-3.33	J-3.27	E-3.24	J-3.25	E-3.23
X 28	J-5.05	J-4.79	J-4.51	J-4.38	C-4.33	C-4.28	C-4.25	J-4.21	J-3.93	J-3.53	J-3.41	J-3.30	E-3.26	J-3.27	E-3.24
X 29	J-5.76	J-5.45	J-5.17	J-5.08	C-5.04	C-5.01	C-5.00	J-4.98	J-4.71	J-3.92	J-3.68	J-3.42	E-3.31	J-3.34	E-3.29
X 30	J-6.49	J-6.12	J-5.86	J-5.81	C-5.81	C-5.82	C-5.82	C-5.83	C-5.54	C-4.50	C-4.25	J-3.71	E-3.36	J-3.41	E-3.34

```
FORTRAN-PROGRAMM ZUR BERECHNUNG DREIDIM. STATION. TEMPERATUR- UND WAERME-
STROMVERTEILUNGEN - VAX 11/780 - BAM 2.44 - 15.06.83 - PROBLEM-NR. 150683
KUNSTST.FENSTER M.METALLK.,TAUWASERTEMP.BER.,RANDTEMP.=-15/20 0 C
```

GEOMETR. ZUORDNUNG DER BAUSTOFFE UND TEMPERATUREN IN GRAD C, PARAMETER IST Z= 1

	Y 31	Y 32	Y 33	Y 34	Y 35	Y 36	Y 37	Y 38	Y 39	Y 40	Y 41	Y 42	Y 43	Y 44	Y 45
X 31	C-6.77	C-6.38	C-6.12	C-6.08	C-6.10	C-6.12	C-6.11	J-6.06	J-5.75	J-4.62	C-4.37	J-3.79	E-3.38	J-3.44	E-3.36
X 32	C-7.21	C-6.79	C-6.50	C-6.46	C-6.47	C-6.52	C-6.51	J-6.49	J-6.12	J-4.83	C-4.53	J-3.90	E-3.41	J-3.47	E-3.38
X 33	J-7.59	J-7.18	J-6.87	J-6.82	J-6.82	C-6.97	C-6.96	J-6.93	J-6.51	J-5.07	C-4.73	J-4.01	E-3.43	J-3.50	E-3.40
X 34	J-8.33	J-7.94	J-7.61	J-7.52	J-7.50	C-7.51	C-7.49	J-7.44	J-6.97	J-5.35	C-4.96	J-4.14	E-3.46	J-3.54	E-3.43
X 35	J-9.42	J-9.16	J-8.84	J-8.69	J-8.62	C-8.56	C-8.52	J-8.45	J-7.86	J-5.98	C-5.51	J-4.45	E-3.50	J-3.61	E-3.47
X 36	J-10.6	J-10.4	J-10.0	J-9.84	J-9.75	C-9.65	C-9.60	J-9.52	J-8.88	J-6.82	C-6.28	J-4.97	E-3.54	J-3.69	E-3.51
X 37	J-11.6	J-11.3	J-11.0	J-10.8	J-10.7	C-10.6	C-10.5	J-10.4	J-9.82	J-7.77	C-7.19	J-5.87	E-3.57	E-3.73	E-3.55
X 38	J-12.4	J-12.2	J-11.9	J-11.6	J-11.5	C-11.3	C-11.3	J-11.2	J-10.7	J-8.79	C-8.12	J-7.42	J-7.09	J-6.38	J-6.46
X 39	C-13.2	C-13.0	C-12.8	C-12.6	C-12.5	C-12.3	C-12.3	C-12.2	C-11.8	C-10.5	C-10.1	C-9.97	C-10.0	C-10.0	C-9.33
X 40	A-15.0	A-15.0	A-15.0	A-15.0	A-15.0	A-15.0	A-15.0	A-15.0	A-15.0	A-15.0	A-15.0	A-15.0	A-15.0	A-15.0	A-15.0

```
FORTRAN-PROGRAMM ZUR BERECHNUNG DREIDIM. STATION. TEMPERATUR- UND WAERME-
STROMVERTEILUNGEN - VAX 11/780 - BAM 2.44 - 15.06.83 - PROBLEM-NR. 150683
KUNSTST.FENSTER M.METALLK.,TAUWASERTEMP.BER.,RANDTEMP.=-15/20 0 C

GEOMETR. ZUORDNUNG DER BAUSTOFFE UND TEMPERATUREN IN GRAD C, PARAMETER IST Z= 1

        Y 31    Y 32    Y 33    Y 34    Y 35    Y 36    Y 37    Y 38    Y 39    Y 40    Y 41    Y 42    Y 43    Y 44    Y 45

      *-------*-------*-------*-------*-------*-------*-------*-------*-------*-------*-------*-------*-------*-------*-------*
      |       |       |       |       |       |       |       |       |       |       |       |       |       |       |       |
 X 41 |A-15.0|A-15.0|A-15.0|A-15.0|A-15.0|A-15.0|A-15.0|A-15.0|A-15.0|A-15.0|A-15.0|A-15.0|A-15.0|A-15.0|A-15.0|
      |       |       |       |       |       |       |       |       |       |       |       |       |       |       |       |
      *-------*-------*-------*-------*-------*-------*-------*-------*-------*-------*-------*-------*-------*-------*-------*
      |       |       |       |       |       |       |       |       |       |       |       |       |       |       |       |
 X 42 |A-15.0|A-15.0|A-15.0|A-15.0|A-15.0|A-15.0|A-15.0|A-15.0|A-15.0|A-15.0|A-15.0|A-15.0|A-15.0|A-15.0|A-15.0|
      |       |       |       |       |       |       |       |       |       |       |       |       |       |       |       |
      *-------*-------*-------*-------*-------*-------*-------*-------*-------*-------*-------*-------*-------*-------*-------*
```

FORTRAN-PROGRAMM ZUR BERECHNUNG DREIDIM. STATION. TEMPERATUR- UND WAERME-
STROMVERTEILUNGEN - VAX 11/780 - BAM 2.44 - 15.06.83 - PROBLEM-NR. 150683
KUNSTST.FENSTER M.METALLK.,TAUWASERTEMP.BER.,RANDTEMP.=-15/20 0 C

GEOMETR. ZUORDNUNG DER BAUSTOFFE UND TEMPERATUREN IN GRAD C, PARAMETER IST Z= 1

	Y 46	Y 47	Y 48	Y 49	Y 50	Y 51
X 1	B+20.0	B+20.0	B+20.0	B+20.0	B+20.0	B+20.0
X 2	B+20.0	B+20.0	I+19.8	I+19.0	I+16.0	I+15.7
X 3	B+20.0	B+20.0	I+19.3	I+15.7	I+8.72	I+8.14
X 4	B+20.0	B+20.0	I+18.3	I+9.82	I+4.82	I+4.37
X 5	B+20.0	B+20.0	I+18.2	I+9.69	I+4.73	I+4.28
X 6	B+20.0	B+20.0	I+18.2	I+9.54	I+4.64	I+4.19
X 7	B+20.0	B+20.0	I+18.2	I+9.37	I+4.54	I+4.09
X 8	B+20.0	B+20.0	I+18.1	I+9.10	I+4.37	I+3.93
X 9	B+20.0	B+20.0	I+18.1	I+8.83	I+4.22	I+3.79
X 10	B+20.0	B+20.0	I+18.0	I+8.31	I+3.93	I+3.51

```
FORTRAN-PROGRAMM ZUR BERECHNUNG DREIDIM. STATION. TEMPERATUR- UND WAERME-
STROMVERTEILUNGEN - VAX 11/780 - BAM 2.44 - 15.06.83 - PROBLEM-NR. 150683
KUNSTST.FENSTER M.METALLK.,TAUWASSERTEMP.BER.,RANDTEMP.=-15/20 0 C

GEOMETR. ZUORDNUNG DER BAUSTOFFE UND TEMPERATUREN IN GRAD C, PARAMETER IST Z= 1

        Y 46    Y 47    Y 48    Y 49    Y 50    Y 51

     *------*------*------+------+------+------+
     |      |      |      |      |      |      |
X 11 |B+20.0|B+20.0|I+17.9|I+7.62|I+3.60|I+3.19|
     |      |      |      |      |      |      |
     *------*------*------+------+------+------+
     |      |      |      |      |      |      |
X 12 |B+20.0|B+20.0|I+17.8|I+7.09|I+3.35|I+2.95|
     |      |      |      |      |      |      |
     +------+------+------+------+------+------+
     |      |      |      |      |      |      |
X 13 |B+20.0|B+20.0|I+17.4|I+6.63|I+3.15|I+2.76|
     |      |      |      |      |      |      |
     *------*------*------+------+------+------+
     |      |      |      |      |      |      |
X 14 |B+20.0|B+20.0|I+15.2|I+6.20|I+2.97|I+2.58|
     |      |      |      |      |      |      |
     *------*------*------+------+------+------+
     |      |      |      |      |      |      |
X 15 |C+4.17|C+4.21|I+7.14|I+5.96|I+2.87|I+2.49|
     |      |      |      |      |      |      |
     +------+------+------+------+------+------+
     |      |      |      |      |      |      |
X 16 |C+3.52|C+3.52|I+3.62|I+5.65|I+2.75|I+2.37|
     |      |      |      |      |      |      |
     +------+------+------+------+------+------+
     |      |      |      |      |      |      |
X 17 |C+2.73|C+2.82|I+2.87|I+5.34|I+2.62|I+2.25|
     |      |      |      |      |      |      |
     +------+------+------+------+------+------+
     |      |      |      |      |      |      |
X 18 |C+2.15|C+2.31|I+2.36|I+5.12|I+2.53|I+2.16|
     |      |      |      |      |      |      |
     +------+------+------+------+------+------+
     |      |      |      |      |      |      |
X 19 |J+0.53|C+1.20|I+1.26|I+4.62|I+2.32|I+1.97|
     |      |      |      |      |      |      |
     +------+------+------+------+------+------+
     |      |      |      |      |      |      |
X 20 |J-0.93|C+0.28|I+0.35|I+4.12|I+2.11|I+1.76|
     |      |      |      |      |      |      |
     +------+------+------+------+------+------+
```

FORTRAN-PROGRAMM ZUR BERECHNUNG DREIDIM. STATION. TEMPERATUR- UND WAERME-
STROMVERTEILUNGEN - VAX 11/780 - BAM 2.44 - 15.06.83 - PROBLEM-NR. 150683
KUNSTST.FENSTER M.METALLK.,TAUWASSERTEMP.BER.,RANDTEMP.=-15/20 0 C

GEOMETR. ZUORDNUNG DER BAUSTOFFE UND TEMPERATUREN IN GRAD C, PARAMETER IST Z= 1

	Y 46	Y 47	Y 48	Y 49	Y 50	Y 51
X 21	J-1.24	C-0.07	I+0.00	I+3.90	I+2.01	I+1.67
X 22	J-1.99	C-0.92	I-0.84	I+3.34	I+1.77	I+1.44
X 23	J-2.72	C-2.31	I-2.24	I+1.66	I+1.00	I+0.71
X 24	J-2.99	C-2.80	I-2.75	I+0.23	I+0.28	I+0.01
X 25	J-3.11	C-3.01	I-2.96	I-0.50	I-0.11	I-0.35
X 26	J-3.18	C-3.13	I-3.09	I-0.95	I-0.35	I-0.58
X 27	J-3.21	C-3.18	I-3.14	I-1.12	I-0.44	I-0.67
X 28	J-3.24	C-3.23	I-3.20	I-1.28	I-0.53	I-0.76
X 29	J-3.33	C-3.38	I-3.36	I-1.78	I-0.81	I-1.02
X 30	J-3.45	C-3.61	I-3.59	I-2.32	I-1.11	I-1.31

```
FORTRAN-PROGRAMM ZUR BERECHNUNG DREIDIM. STATION. TEMPERATUR- UND WAERME-
STROMVERTEILUNGEN - VAX 11/780 - BAM 2.44 - 15.06.83 - PROBLEM-NR. 150683
KUNSTST.FENSTER M.METALLK.,TAUWASSERTEMP.BER.,RANDTEMP.=-15/20 0 C

GEOMETR. ZUORDNUNG DER BAUSTOFFE UND TEMPERATUREN IN GRAD C, PARAMETER IST Z=  1

          Y 46    Y 47    Y 48    Y 49    Y 50    Y 51
      +------+------+------+------+------+------+
      |      |      |      |      |      |      |
 X 31 |J-3.50|C-3.72|I-3.70|I-2.53|I-1.22|I-1.42|
      |      |      |      |      |      |      |
      +------+------+------+------+------+------+
      |      |      |      |      |      |      |
 X 32 |J-3.57|C-3.85|I-3.84|I-2.79|I-1.37|I-1.55|
      |      |      |      |      |      |      |
      +------+------+------+------+------+------+
      |      |      |      |      |      |      |
 X 33 |J-3.66|C-4.03|I-4.01|I-3.03|I-1.51|I-1.69|
      |      |      |      |      |      |      |
      +------+------+------+------+------+------+
      |      |      |      |      |      |      |
 X 34 |J-3.76|C-4.24|I-4.22|I-3.31|I-1.67|I-1.84|
      |      |      |      |      |      |      |
      +------+------+------+------+------+------+
      |      |      |      |      |      |      |
 X 35 |J-4.03|C-4.75|I-4.74|I-3.80|I-1.95|I-2.10|
      |      |      |      |      |      |      |
      +------+------+------+------+------+------+
      |      |      |      |      |      |      |
 X 36 |J-4.49|C-5.50|I-5.48|I-4.29|I-2.22|I-2.37|
      |      |      |      |      |      |      |
      +------+------+------+------+------+------+
      |      |      |      |      |      |      |
 X 37 |J-5.28|C-6.38|I-6.36|I-4.69|I-2.45|I-2.59|
      |      |      |      |      |      |      |
      +------+------+------+------+------+------+
      |      |      |      |      |      |      |
 X 38 |J-6.63|C-7.32|I-7.28|I-5.03|I-2.65|I-2.78|
      |      |      |      |      |      |      |
      +------+------+------+------+------+------+
      |      |      |      |      |      |      |
 X 39 |C-9.15|C-9.12|I-9.05|I-5.55|I-2.96|I-3.08|
      |      |      |      |      |      |      |
      *------*------*------+------+------+------+
      |      |      |      |      |      |      |
 X 40 |A-15.0|A-15.0|I-14.8|I-10.8|I-6.18|I-6.16|
      |      |      |      |      |      |      |
      *------*------*------+------+------+------+
```

```
FORTRAN-PROGRAMM ZUR BERECHNUNG DREIDIM. STATION. TEMPERATUR- UND WAERME-
STROMVERTEILUNGEN - VAX 11/780 - BAM 2.44 - 15.06.83 - PROBLEM-NR. 150683
KUNSTST.FENSTER M.METALLK.,TAUWASSERTEMP.BER.,RANDTEMP.=-15/20 0 C

GEOMETR. ZUORDNUNG DER BAUSTOFFE UND TEMPERATUREN IN GRAD C, PARAMETER IST Z=  1

          Y 46   Y 47   Y 48   Y 49   Y 50   Y 51

      *------*------*------+------+------+------+
      |      |      |      |      |      |      |
 X 41 |A-15.0|A-15.0|I-14.9|I-14.0|I-12.0|I-12.0|
      |      |      |      |      |      |      |
      *------*------*------*------*------*------*
      |      |      |      |      |      |      |
 X 42 |A-15.0|A-15.0|A-15.0|A-15.0|A-15.0|A-15.0|
      |      |      |      |      |      |      |
      *------*------*------*------*------*------*
```

FORTRAN-PROGRAMM ZUR BERECHNUNG DREIDIM. STATION. TEMPERATUR- UND WAERME-
STROMVERTEILUNGEN - VAX 11/780 - BAM 2.44 - 15.06.83 - PROBLEM-NR. 150683
KUNSTST.FENSTER M.METALLK.,TAUWASERTEMP.BER.,RANDTEMP.=-15/20 0 C

ENDE DER RECHNUNG - CPU-ZEIT IN S =   153.0

6.4 Ein- und Ausgabe: Dreischaliger Hausschornstein

```
/*
150683
´(´DREISCHALIGER SCHORNSTEIN, BAUPHYSIK 6/1981´)´
  46        46        1        6        1        1
   6
   1        24        46        2       24       46        3        1        1        1        0        0
   1        19        28        2       19       28        3        1        1        0        0        1
   1         1        46        2        1        1        3        1        1        0        0        2
   1         1        46        2       46       46        3        1        1        0        0        2
   1         1         1        2        2       45        3        1        1        0        0        2
   1        46        46        2        2       45        3        1        1        0        0        2
  17
1.00000         1         1         1
0.00010         2         1         2
0.01598         3         1         7
0.00020         8         1         8
0.01120         9         1        12
0.00010        13         1        13
0.00670        14         1        17
0.00010        18         1        18
0.02000        19         1        28
0.00010        29         1        29
0.00670        30         1        33
0.00010        34         1        34
0.01120        35         1        38
0.00020        39         1        39
0.01598        40         1        44
0.00010        45         1        45
1.00000        46         1        46
  17
1.00000         1         1         1
0.00010         2         1         2
0.01598         3         1         7
0.00020         8         1         8
0.01120         9         1        12
0.00010        13         1        13
0.00670        14         1        17
0.00010        18         1        18
0.02000        19         1        28
0.00010        29         1        29
0.00670        30         1        33
0.00010        34         1        34
0.01120        35         1        38
0.00020        39         1        39
0.01598        40         1        44
0.00010        45         1        45
1.00000        46         1        46
   1
1.00000         1         1         1
   7
´(´1,WARMLUFT ,WAERMEUEBERGANG INNEN, ALPHAI´)´
   1        3        0

 219.3              18
´(´2,INNENROHR´)´
   7        4        0
   0.0          0.520
  50.0          0.554
 100.0          0.590
 150.0          0.626
 200.0          0.662
 250.0          0.698
 300.0          0.734
´(´3,WAERMEDAEMMSCHICHT´)´
   6        4        0
  10.0          0.0457
  50.0          0.0518
 100.0          0.0591
```

```
  200.0         0.0806
  250.0         0.0954
´(´4,AUSSENSCHALE´)´
    4      4      0
    0.0         0.93
  100.0         0.95
  200.0         0.97
  300.0         0.99
´(´5,LUFT,WAERMEUEBERGANG AUSSEN , ALPHAA´)´
    1      3      0
   15.2        12.0
´(´6,TEMPERATUR DER UMWAELZLUFT (KNOTEN 1), INNEN, THETALI´)´
    1      2      0
    0.         219.3
´(´7,LUFTTEMPERATUR, AUSSEN, THETALA´)´
    1      2      0
    0.          15.2
 22
 1    -19   -1   -28     -19   -1   -28     1   1   1
 2     13    1    34      13    1    18     1   1   1
 2     13    1    34      29    1    34     1   1   1
 2     13    1    18      19    1    28     1   1   1
 2     29    1    34      19    1    28     1   1   1
 3      8    1    39       8    1    12     1   1   1
 3      8    1    39      35    1    39     1   1   1
 3      8    1    12      13    1    34     1   1   1
 3     35    1    39      13    1    34     1   1   1
 4      2    1    45       2    1     7     1   1   1
 4      2    1    45      40    1    45     1   1   1
 4      2    1     7       8    1    39     1   1   1
 4     40    1    45       8    1    39     1   1   1
 5     -1   -1   -46      -1   -1    -1     1   1   1
 5     -1   -1   -46     -46   -1   -46     1   1   1
 5     -1   -1    -1      -2   -1   -45     1   1   1
 5    -46   -1   -46      -2   -1   -45     1   1   1
 6     19    1    28      19    1    28     1   1   1
 7      1    1    46       1    1     1     1   1   1
 7      1    1    46      46    1    46     1   1   1
 7      1    1     1       2    1    45     1   1   1
 7     46    1    46       2    1    45     1   1   1
/*
/*
```

FORTRAN-PROGRAMM ZUR BERECHNUNG DREIDIM. STATION. TEMPERATUR- UND WAERME-
STROMVERTEILUNGEN - VAX 11/780 - BAM 2.44 - 15.06.83 - PROBLEM-NR. 150683
DREISCHALIGER SCHORNSTEIN, BAUPHYSIK 6/1981

AUSGABEKONFIGURATIONEN

K-NR	PL1	I1	I2	PL2	I1	I2	PL3	I1	I2	KZG	KZT	KZS
1	X	24	46	Y	24	46	Z	1	1	1	0	0
2	X	19	28	Y	19	28	Z	1	1	0	0	1
3	X	1	46	Y	1	1	Z	1	1	0	0	2
4	X	1	46	Y	46	46	Z	1	1	0	0	2
5	X	1	1	Y	2	45	Z	1	1	0	0	2
6	X	46	46	Y	2	45	Z	1	1	0	0	2

LAENGENRASTER IN X-,Y- UND Z-RICHTUNG

MASCHEN-NR	DX IN M	DY IN M	DZ IN M
1	1.00000	1.00000	1.00000
2	0.00010	0.00010	
3	0.01598	0.01598	
4	0.01598	0.01598	
5	0.01598	0.01598	
6	0.01598	0.01598	
7	0.01598	0.01598	
8	0.00020	0.00020	
9	0.01120	0.01120	
10	0.01120	0.01120	
11	0.01120	0.01120	
12	0.01120	0.01120	
13	0.00010	0.00010	
14	0.00670	0.00670	
15	0.00670	0.00670	
16	0.00670	0.00670	
17	0.00670	0.00670	
18	0.00010	0.00010	
19	0.02000	0.02000	
20	0.02000	0.02000	
21	0.02000	0.02000	
22	0.02000	0.02000	
23	0.02000	0.02000	
24	0.02000	0.02000	
25	0.02000	0.02000	
26	0.02000	0.02000	
27	0.02000	0.02000	
28	0.02000	0.02000	
29	0.00010	0.00010	
30	0.00670	0.00670	
31	0.00670	0.00670	
32	0.00670	0.00670	
33	0.00670	0.00670	
34	0.00010	0.00010	
35	0.01120	0.01120	
36	0.01120	0.01120	
37	0.01120	0.01120	
38	0.01120	0.01120	
39	0.00020	0.00020	
40	0.01598	0.01598	
41	0.01598	0.01598	
42	0.01598	0.01598	
43	0.01598	0.01598	
44	0.01598	0.01598	
45	0.00010	0.00010	
46	1.00000	1.00000	

FUNKTIONSLISTE

FUNKTIONS-NR.   1-A
1,WARMLUFT ,WAERMEUEBERGANG INNEN, ALPHAI

INDEX	DUMMY-GROESSE	ALPHA IN W/(M*M*K)	KZT	KZF
1	219.30000	18.00000	3	0

FUNKTIONS-NR.   2-B
2,INNENROHR

INDEX	THETA IN GRAD C	LAMBDA IN W/(M*K)	KZT	KZF
2	0.00000	0.52000	4	0
3	50.00000	0.55400	4	0
4	100.00000	0.59000	4	0
5	150.00000	0.62600	4	0
6	200.00000	0.66200	4	0
7	250.00000	0.69800	4	0
8	300.00000	0.73400	4	0

FUNKTIONS-NR.   3-C
3,WAERMEDAEMMSCHICHT

INDEX	THETA IN GRAD C	LAMBDA IN W/(M*K)	KZT	KZF
9	10.00000	0.04570	4	0
10	50.00000	0.05180	4	0
11	100.00000	0.05910	4	0
12	150.00000	0.06860	4	0
13	200.00000	0.08060	4	0
14	250.00000	0.09540	4	0

FUNKTIONS-NR.   4-D
4,AUSSENSCHALE

INDEX	THETA IN GRAD C	LAMBDA IN W/(M*K)	KZT	KZF
15	0.00000	0.93000	4	0
16	100.00000	0.95000	4	0
17	200.00000	0.97000	4	0
18	300.00000	0.99000	4	0

FUNKTIONS-NR.   5-E
5,LUFT,WAERMEUEBERGANG AUSSEN   ALPHAA

INDEX	DUMMY-GROESSE	ALPHA IN W/(M*M*K)	KZT	KZF
19	15.20000	12.00000	3	0

FUNKTIONS-NR.   6-F
6,TEMPERATUR DER UMWAELZLUFT (KNOTEN 1), INNEN, THETALI

INDEX	DUMMY-GROESSE	THETAR IN GRAD C	KZT	KZF
20	0.00000	219.30000	2	0

FUNKTIONS-NR.   7-G
7,LUFTTEMPERATUR, AUSSEN, THETALA

INDEX	DUMMY-GROESSE	THETAR IN GRAD C	KZT	KZF
21	0.00000	15.20000	2	0

MASCHENKONFIGURATIONEN

KONFIGUR-NR	KENNZIFFER	FUNKTIONSNR	IMUV	DIMV	IMOV	JMUH	DJMH	JMOH	KMUT	DKMT	KMOT	NRES	NSUM
1	2	6	19	1	28	19	1	28	1	1	1	0	0
2	2	7	1	1	46	1	1	1	1	1	1	0	0
3	2	7	1	1	46	46	1	46	1	1	1	0	0
4	2	7	1	1	1	2	1	45	1	1	1	0	0
5	2	7	46	1	46	2	1	45	1	1	1	0	0
6	3	1	-19	-1	-28	-19	-1	-28	1	1	1	100	100
7	3	5	-1	-1	-46	-1	-1	-1	1	1	1	46	146
8	3	5	-1	-1	-46	-46	-1	-46	1	1	1	46	192
9	3	5	-1	-1	-1	-2	-1	-45	1	1	1	44	236
10	3	5	-46	-1	-46	-2	-1	-45	1	1	1	44	280
11	4	2	13	1	34	13	1	18	1	1	1	132	412
12	4	2	13	1	34	29	1	34	1	1	1	132	544
13	4	2	13	1	18	19	1	28	1	1	1	60	604
14	4	2	29	1	34	19	1	28	1	1	1	60	664
15	4	3	8	1	39	8	1	12	1	1	1	160	824
16	4	3	8	1	39	35	1	39	1	1	1	160	984
17	4	3	8	1	12	13	1	34	1	1	1	110	1094
18	4	3	35	1	39	13	1	34	1	1	1	110	1204
19	4	4	2	1	45	2	1	7	1	1	1	264	1468
20	4	4	2	1	45	40	1	45	1	1	1	264	1732
21	4	4	2	1	7	8	1	39	1	1	1	192	1924
22	4	4	40	1	45	8	1	39	1	1	1	192	2116

```
MASCHENANZAHL X-RICHTUNG,NMV=          46
MASCHENANZAHL Y-RICHTUNG,NMH=          46
MASCHENANZAHL Z-RICHTUNG,NMT=           1
MASCHENANZAHL INSGES  ,NMGES=        2116
ANZAHL DER TEMP.RANDBED,NKNU=         280
ANZAHL DER STROMEINSP. ,NKNI=           0
MAX. ANZ. GL.AUFLOES.,NMAXIT=           6
MAX. ANZ. ITER.BLOECKE,NRFVT=           1
ABBRUCHFEHLER IN GRAD C ,EPS=        0.10
ANZAHL DER UNBEK. TEMPER.,NT=        1836
ANZAHL DER UNBEK. STROEME,NI=        4140
MITTLERE RANDTEMPERATUR TKNM=       88.09
ANZAHL DER GLN INSGES   ,NEQ=        2116
HALBE BANDBR. PLUS DIG,NBAND=          47
KERNSP.ANZAHL PRO BLOCK ,NSB=        6000
ANZAHL DER BLOECKE    ,NBLOK=          15
GROESSTE SPALTENANZAHL ,MAXC=         215
```

FORTRAN-PROGRAMM ZUR BERECHNUNG DREIDIM. STATION. TEMPERATUR- UND WAERME-
STROMVERTEILUNGEN - VAX 11/780 - BAM 2.44 - 15.06.83 - PROBLEM-NR. 150683
DREISCHALIGER SCHORNSTEIN, BAUPHYSIK 6/1981

BLOCK-NR	ITER.-NR	DTKNMAX IN K	EXTRAP
1	1	118.9036	F
1	2	8.5975	F
1	3	0.5416	F
1	4	0.0559	F

FORTRAN-PROGRAMM ZUR BERECHNUNG DREIDIM. STATION. TEMPERATUR- UND WAERME-
STROMVERTEILUNGEN - VAX 11/780 - BAM 2.44 - 15.06.83 - PROBLEM-NR. 150683
DREISCHALIGER SCHORNSTEIN, BAUPHYSIK 6/1981

AUFSUMMIERTE WAERMESTROEME IN W

S-NR	SUMPHIXO	SUMPHIXU	SUMPHIYL	SUMPHIYR	SUMPHIZH	SUMPHIZT	ABSPHIWUE
1	-57.0082	57.0082	-57.0102	57.0082	0.0000	0.0000	228.0347
2	57.0049	-57.0049	57.0049	-57.0048	0.0000	0.0000	228.0194

FORTRAN-PROGRAMM ZUR BERECHNUNG DREIDIM. STATION. TEMPERATUR- UND WAERME-
STROMVERTEILUNGEN - VAX 11/780 - BAM 2.44 - 15.06.83 - PROBLEM-NR. 150683
DREISCHALIGER SCHORNSTEIN, BAUPHYSIK 6/1981

GEOMETR. ZUORDNUNG DER BAUSTOFFE UND TEMPERATUREN IN GRAD C, PARAMETER IST Z= 1

	Y 24	Y 25	Y 26	Y 27	Y 28	Y 29	Y 30	Y 31	Y 32	Y 33	Y 34	Y 35	Y 36	Y 37	Y 38
X 24	A+219	A+219	A+219	A+219	A+219	B+206	B+205	B+202	B+200	B+198	B+197	C+180	C+147	C+109	C+67.1
X 25	A+219	A+219	A+219	A+219	A+219	B+205	B+204	B+202	B+199	B+197	B+196	C+180	C+146	C+108	C+66.7
X 26	A+219	A+219	A+219	A+219	A+219	B+204	B+203	B+200	B+198	B+196	B+195	C+178	C+144	C+107	C+65.7
X 27	A+219	A+219	A+219	A+219	A+219	B+203	B+201	B+198	B+195	B+193	B+192	C+176	C+142	C+105	C+64.1
X 28	A+219	A+219	A+219	A+219	A+219	B+199	B+197	B+194	B+191	B+188	B+187	C+171	C+137	C+101	C+61.5
X 29	B+206	B+205	B+204	B+203	B+199	B+194	B+193	B+190	B+187	B+185	B+184	C+167	C+132	C+97.0	C+59.3
X 30	B+205	B+204	B+203	B+201	B+197	B+193	B+192	B+189	B+186	B+184	B+182	C+165	C+131	C+95.7	C+58.6
X 31	B+202	B+202	B+200	B+198	B+194	B+190	B+189	B+186	B+183	B+181	B+180	C+161	C+127	C+92.5	C+56.9
X 32	B+200	B+199	B+198	B+195	B+191	B+187	B+186	B+183	B+181	B+178	B+177	C+156	C+122	C+88.6	C+54.9
X 33	B+198	B+197	B+196	B+193	B+188	B+185	B+184	B+181	B+178	B+175	B+173	C+148	C+115	C+83.6	C+52.5

FORTRAN-PROGRAMM ZUR BERECHNUNG DREIDIM. STATION. TEMPERATUR- UND WAERME-
STROMVERTEILUNGEN - VAX 11/780 - BAM 2.44 - 15.06.83 - PROBLEM-NR. 150683
DREISCHALIGER SCHORNSTEIN, BAUPHYSIK 6/1981

GEOMETR. ZUORDNUNG DER BAUSTOFFE UND TEMPERATUREN IN GRAD C, PARAMETER IST Z= 1

	Y 24	Y 25	Y 26	Y 27	Y 28	Y 29	Y 30	Y 31	Y 32	Y 33	Y 34	Y 35	Y 36	Y 37	Y 38
X 34	B+197	B+196	B+195	B+192	B+187	B+184	B+182	B+180	B+177	B+173	B+171	C+141	C+110	C+80.6	C+51.1
X 35	C+180	C+180	C+178	C+176	C+171	C+167	C+165	C+161	C+156	C+148	C+141	C+128	C+102	C+75.5	C+48.8
X 36	C+147	C+146	C+144	C+142	C+137	C+132	C+131	C+127	C+122	C+115	C+110	C+102	C+83.3	C+63.8	C+43.6
X 37	C+109	C+108	C+107	C+105	C+101	C+97.0	C+95.7	C+92.5	C+88.6	C+83.6	C+80.6	C+75.5	C+63.8	C+51.2	C+38.2
X 38	C+67.1	C+66.7	C+65.7	C+64.1	C+61.5	C+59.3	C+58.6	C+56.9	C+54.9	C+52.5	C+51.1	C+48.8	C+43.6	C+38.2	C+32.6
X 39	C+44.7	C+44.3	C+43.6	C+42.4	C+40.7	C+39.6	C+39.2	C+38.4	C+37.4	C+36.5	C+35.9	C+35.0	C+33.2	C+31.4	C+29.8
X 40	D+42.5	D+42.1	D+41.4	D+40.3	D+38.7	D+37.7	D+37.3	D+36.6	D+35.8	D+34.9	D+34.5	D+33.7	D+32.2	D+30.8	D+29.5
X 41	D+39.0	D+38.7	D+38.1	D+37.1	D+35.7	D+34.8	D+34.5	D+33.9	D+33.3	D+32.6	D+32.3	D+31.7	D+30.5	D+29.4	D+28.3
X 42	D+35.8	D+35.6	D+35.0	D+34.1	D+32.9	D+32.2	D+32.0	D+31.5	D+30.9	D+30.4	D+30.1	D+29.6	D+28.7	D+27.8	D+26.9
X 43	D+32.8	D+32.6	D+32.1	D+31.3	D+30.4	D+29.8	D+29.6	D+29.1	D+28.7	D+28.3	D+28.0	D+27.6	D+26.9	D+26.1	D+25.4

FORTRAN-PROGRAMM ZUR BERECHNUNG DREIDIM. STATION. TEMPERATUR- UND WAERME-
STROMVERTEILUNGEN - VAX 11/780 - BAM 2.44 - 15.06.83 - PROBLEM-NR. 150683
DREISCHALIGER SCHORNSTEIN, BAUPHYSIK 6/1981

GEOMETR. ZUORDNUNG DER BAUSTOFFE UND TEMPERATUREN IN GRAD C, PARAMETER IST Z= 1

	Y 24	Y 25	Y 26	Y 27	Y 28	Y 29	Y 30	Y 31	Y 32	Y 33	Y 34	Y 35	Y 36	Y 37	Y 38
X 44	D+29.9	D+29.7	D+29.3	D+28.7	D+27.9	D+27.4	D+27.2	D+26.9	D+26.5	D+26.2	D+26.0	D+25.7	D+25.0	D+24.4	D+23.8
X 45	D+28.6	D+28.4	D+28.0	D+27.4	D+26.7	D+26.3	D+26.1	D+25.8	D+25.5	D+25.2	D+25.0	D+24.7	D+24.1	D+23.5	D+23.0
X 46	E+15.2	E+15.2	E+15.2	E+15.2	E+15.2	E+15.2	E+15.2	E+15.2	E+15.2	E+15.2	E+15.2	E+15.2	E+15.2	E+15.2	E+15.2

FORTRAN-PROGRAMM ZUR BERECHNUNG DREIDIM. STATION. TEMPERATUR- UND WAERME-
STROMVERTEILUNGEN - VAX 11/780 - BAM 2.44 - 15.06.83 - PROBLEM-NR. 150683
DREISCHALIGER SCHORNSTEIN, BAUPHYSIK 6/1981

GEOMETR. ZUORDNUNG DER BAUSTOFFE UND TEMPERATUREN IN GRAD C, PARAMETER IST Z= 1

	Y 39	Y 40	Y 41	Y 42	Y 43	Y 44	Y 45	Y 46
X 24	C+44.7	D+42.5	D+39.0	D+35.8	D+32.8	D+29.9	D+28.6	E+15.2
X 25	C+44.3	D+42.1	D+38.7	D+35.6	D+32.6	D+29.7	D+28.4	E+15.2
X 26	C+43.6	D+41.4	D+38.1	D+35.0	D+32.1	D+29.3	D+28.0	E+15.2
X 27	C+42.4	D+40.3	D+37.1	D+34.1	D+31.3	D+28.7	D+27.4	E+15.2
X 28	C+40.7	D+38.7	D+35.7	D+32.9	D+30.4	D+27.9	D+26.7	E+15.2
X 29	C+39.6	D+37.7	D+34.8	D+32.2	D+29.8	D+27.4	D+26.3	E+15.2
X 30	C+39.2	D+37.3	D+34.5	D+32.0	D+29.6	D+27.2	D+26.1	E+15.2
X 31	C+38.4	D+36.6	D+33.9	D+31.5	D+29.1	D+26.9	D+25.8	E+15.2
X 32	C+37.4	D+35.8	D+33.3	D+30.9	D+28.7	D+26.5	D+25.5	E+15.2
X 33	C+36.5	D+34.9	D+32.6	D+30.4	D+28.3	D+26.2	D+25.2	E+15.2

FORTRAN-PROGRAMM ZUR BERECHNUNG DREIDIM. STATION. TEMPERATUR- UND WAERME-
STROMVERTEILUNGEN - VAX 11/780 - BAM 2.44 - 15.06.83 - PROBLEM-NR. 150683
DREISCHALIGER SCHORNSTEIN, BAUPHYSIK 6/1981

GEOMETR. ZUORDNUNG DER BAUSTOFFE UND TEMPERATUREN IN GRAD C, PARAMETER IST Z= 1

	Y 39	Y 40	Y 41	Y 42	Y 43	Y 44	Y 45	Y 46
X 34	C+35.9	D+34.5	D+32.3	D+30.1	D+28.0	D+26.0	D+25.0	E+15.2
X 35	C+35.0	D+33.7	D+31.7	D+29.6	D+27.6	D+25.7	D+24.7	E+15.2
X 36	C+33.2	D+32.2	D+30.5	D+28.7	D+26.9	D+25.0	D+24.1	E+15.2
X 37	C+31.4	D+30.8	D+29.4	D+27.8	D+26.1	D+24.4	D+23.5	E+15.2
X 38	C+29.8	D+29.5	D+28.3	D+26.9	D+25.4	D+23.8	D+23.0	E+15.2
X 39	C+29.1	D+29.1	D+27.8	D+26.5	D+25.0	D+23.5	D+22.7	E+15.2
X 40	D+29.1	D+28.4	D+27.2	D+25.8	D+24.5	D+23.0	D+22.3	E+15.2
X 41	D+27.8	D+27.2	D+25.9	D+24.7	D+23.4	D+22.2	D+21.5	E+15.2
X 42	D+26.5	D+25.8	D+24.7	D+23.6	D+22.5	D+21.3	D+20.8	E+15.2
X 43	D+25.0	D+24.5	D+23.4	D+22.5	D+21.5	D+20.5	D+20.0	E+15.2

FORTRAN-PROGRAMM ZUR BERECHNUNG DREIDIM. STATION. TEMPERATUR- UND WAERME-
STROMVERTEILUNGEN - VAX 11/780 - BAM 2.44 - 15.06.83 - PROBLEM-NR. 150683
DREISCHALIGER SCHORNSTEIN, BAUPHYSIK 6/1981

GEOMETR. ZUORDNUNG DER BAUSTOFFE UND TEMPERATUREN IN GRAD C, PARAMETER IST Z= 1

```
             Y 39    Y 40    Y 41    Y 42    Y 43    Y 44    Y 45    Y 46

        +------+------+------+------+------+------+------*------*
        |      |      |      |      |      |      |      |      |
 X 44   |D+23.5|D+23.0|D+22.2|D+21.3|D+20.5|D+19.7|D+19.2|E+15.2|
        |      |      |      |      |      |      |      |      |
        +------+------+------+------+------+------+------*------*
        |      |      |      |      |      |      |      |      |
 X 45   |D+22.7|D+22.3|D+21.5|D+20.8|D+20.0|D+19.2|D+18.9|E+15.2|
        |      |      |      |      |      |      |      |      |
        *------*------*------*------*------*------*------*------*
        |      |      |      |      |      |      |      |      |
 X 46   |E+15.2|E+15.2|E+15.2|E+15.2|E+15.2|E+15.2|E+15.2|E+15.2|
        |      |      |      |      |      |      |      |      |
        *------*------*------*------*------*------*------*------*
```

```
FORTRAN-PROGRAMM ZUR BERECHNUNG DREIDIM. STATION. TEMPERATUR- UND WAERME-
STROMVERTEILUNGEN - VAX 11/780 - BAM 2.44 - 15.06.83 - PROBLEM-NR. 150683
DREISCHALIGER SCHORNSTEIN, BAUPHYSIK 6/1981

ENDE DER RECHNUNG  - CPU-ZEIT IN S =    203.0
```

Sachverzeichnis